青豆
書坊

—— 阅读 · 思考 · 生活 ——

传家

父子宰相教子书

张英 张廷玉 ◉ 著

毕磊 ◉ 译注

九 州 出 版 社
JIUZHOUPRESS

图书在版编目（CIP）数据

传家：父子宰相教子书 / （清）张英，（清）张廷玉
著；毕磊译注. -- 北京：九州出版社，2025.6.
ISBN 978-7-5225-3822-8

Ⅰ．B823.1

中国国家版本馆CIP数据核字第20258BY300号

传家：父子宰相教子书

著　　者	[清]张英　张廷玉
译　　注	毕　磊
责任编辑	周　春
出版发行	九州出版社
地　　址	北京市西城区阜外大街甲35号（100037）
发行电话	（010）68992190/3/5/6
网　　址	https://www.jiuzhoupress.com/
印　　刷	天津鸿景印刷有限公司
开　　本	710毫米×1000毫米　　16开
印　　张	21.75
字　　数	240千字
版　　次	2025年6月第1版
印　　次	2025年6月第1次印刷
书　　号	ISBN 978-7-5225-3822-8
定　　价	49.80元

目　录

治家篇　耕读传家久，诗书继世长

理财篇　有恒产者有恒心

怡情篇　人生不能无所适以寄其意

品艺篇　琴到无人听处工

让六尺巷家风代代相传

一

张英（1637—1708 年），字敦复，号乐圃，安徽桐城人，清代康熙六年（1667 年）进士，累迁翰林院掌院学士、工部尚书等职，官至文华殿大学士兼礼部尚书。他勤勉为官，清廉理政，康熙帝称赞他"始终敬慎，有古大臣之风"，是清代著名贤臣良相。他学养深厚，文笔过人，曾任太子老师，当朝的典诰文章多出自其手，还曾担任科举会试的总考官和《国史》《一统志》等国家重要典籍的总裁官。他笔耕不辍，著述颇丰，有《笃素堂文集》《笃素堂诗集》《南书房记注》等著作存世。

长江后浪推前浪，张英的四个儿子长大成人后，先后高中进士入仕为官，尤其是次子张廷玉，最为世人所知。

张廷玉（1672—1755 年），字衡臣，号研斋，又号澄怀主人。他幼承家学、少有令名，康熙三十九年（1700 年）中进士，从翰林院庶吉士开始，历仕康雍乾三朝，官至保和殿大学士兼吏部尚书、军机大臣。他深得皇帝器重，居官五十多年"周敏勤慎""为上所倚"，是清代唯一配享太庙的汉族大臣。他主持修撰了《大清会典》《明史》等国家重要典籍，并有《澄怀园文存》《澄怀园诗选》《澄怀园语》等著作存世。

父子宰相[1]"先后相继入南书房，经康熙至乾隆，经数十年之久"。桐城张氏家族"三世得谥""四世讲官""五朝金榜题名""六代翰林""七世为官"，逐渐成为声名显赫的世家大族，时人评价"世系蝉联，门阀之清华，殆可空前绝后"。

张氏家族的成功，当然离不开子弟自身的勤奋与刻苦，但家训家风的熏陶和影响也同样不容忽视。张英著有《聪训斋语》《恒产琐言》，张廷玉著有《澄怀园语》等家训著作。这些作品记录了这对父子宰相的教育思想和教子心得，刊行以来备受赞誉。比如，晚清大儒曾国藩认为这些家训"句句皆吾肺腑所欲言""用意至为深远"，要求儿子"细心省览，不特于德业有益，实于养生有益"。众所周知，曾国藩"立德立功立言三不朽，为师为将为相一完人"，成就卓著，而且治家有术、教子有方，两个孩子皆成大器。曾氏子弟在各行各业出类拔萃者数以百计，能被曾国藩如此肯定的家训，一定有其过人之处。

二

"六尺巷"的故事早已家喻户晓。康熙年间，张英在桐城的家人与邻居吴家因宅基地问题发生纠纷，双方互不相让。张家人便写信向当时在京任职的张英求助。张英回信附诗一首："一纸书来只为墙，让他三尺又何妨？长城万里今犹在，不见当年秦始皇。"张家人收到诗后，主动退让三尺，吴家人深受触动，也退让三尺。从此，两家之间形成了一条六尺宽的巷子，"六尺巷"由此得名。这个故事流传至今，为后人提供了道德滋养，也成为张氏家族良好家风的生动体现。

---

[1] 清代不设宰相一职，但一般尊称内阁大学士为宰相。张氏父子均曾任内阁大学士职，故世人称其为"父子宰相"。

落实到家训中，宰相父子又是怎样教育子孙的？

张英说："予之立训，更无多言，止有四语：读书者不贱，守田者不饥，积德者不倾，择交者不败。"他结合古代圣贤的言行事例，将自己几十年人生沉浮过程中的所思、所想、所感、所悟付诸笔下，对子孙"教之立品、教之读书、教之择友、教之养身、教之俭用、教之作家"，指导成才成家。

他教育子孙，以立品为先。要孝敬父母，友爱兄弟；要庄重规矩，"肃雍简静"；要谨言慎行，注重细节；要管家治家，约束家仆。从各个方面涵养品格，把大写的"人"字写正写好。

他教育子孙，以读书为本。要熟读经书，学懂弄通；要学以致用，知行合一；要专注科考，安身立命；要坚持练字，方方正正。专注精进，为干事成事做好准备。

他教育子孙，以择交为要。要擦亮眼睛，多交诤友；要正心诚意，不走邪路；要节啬交际，少生祸患；要谢绝宴饮，专注本业。结交真正的朋友，为人生提供助力。

他教育子孙，以保身为重。要早睡早起，按时作息；要饮食清淡，保证睡眠；要天冷加衣，保养身体；要节俭节欲，蓄养精神。培育强健体魄，为一生成功奠定基础。

特别难得的是，他专著《恒产琐言》一书，从"保田""守田"出发，教育子女保家兴业，进而经世济民。这在古代家训中独树一帜，具有特别的学习价值。

与父亲相比，张廷玉的家训更重亲身体会，"其言如布帛菽粟，朴实切要，于持家涉世之道，修己待物之方，尤为周详恳挚"。他将自己一生"意念之所及、耳目之所经"传授给子孙，希望后人"知我立身行己、处心积虑之大端"，从中汲取人生的智慧，获得成长的养分。

他的教育理念，人生须志存高远。要努力做"有学问、有识见、有福泽之人"；要不忮不求，"心自静，品自端"，看淡人生的起落得失，追求"吾心之真乐"。

他的教育理念，处世须公心正念。要"一言一行，常思有益于人，惟恐有损于人"；要正大光明，"仰不愧于天，俯不怍于人"；要心怀大爱，关注弱者，长存恻隐之心。

他的教育理念，做事须方中带圆。要进退有度，心有余力、事存余量；要谨言慎行，防止祸从口出；要换位思考，凡事三思后行；要学会拒绝，保持人生的定力；要注意方法，"扬善于公庭，规过于私室"。

他的教育理念，治学须深思细悟。要多闻阙疑，尊法先贤基础上推陈出新；要兼收并蓄，学好圣贤之学基础上广泛涉猎；要知错能改，在不断修正错误的过程中实现学问的进步。

他的教育理念，居家须张弛有度。要讲究规矩礼法，也要相亲相爱；要教人育人，也更躬身垂范；要努力治家治学，也要注重饮食睡眠。

父子宰相的教育理念一脉相承，一言以蔽之，就是儒家所讲的"三纲八目"。他们从"格物、致知、诚意、正心、修身、齐家、治国、平天下"中的一点或几点生发，最终目标就是希望孩子能够达到"明明德、亲民、至善"的境界。当然，因为天性个性以及成长经历的不同，他们的家训各有侧重。笼统来说，"修身、齐家"是父子宰相共同关注的领域，而父亲更重"格物、致知、诚意、正心"，儿子更重"治国、平天下"。二者相辅相成，互为补充。对照学习，可以为孩子的成长提供更全面的指引。

此外，在字里行间，父子宰相也孜孜不倦地教授子孙耕读传家、守信节俭等中华民族传统美德，传递乐天知命、豁达平和的人生态度。这些内容与他们对子孙"三纲八目"的期望融为一体，至今仍能给人诸多启示。

三

先贤令人敬佩，好书值得分享。鉴于此，我们重新点校、译注了《聪训斋语》《恒产琐言》和《澄怀园语》等家训著作，摘编了其中精华并配以简评，定名《传家：父子宰相教子书》呈现给读者。

需要说明的是，父子宰相的家训内容丰富，但有些内容是他们训诫子孙的即兴之作，有些内容是他们的日记、笔记，涉及面过于宽泛，排布较为随意，且有重复之处。我们不得不有所取舍，主要选择能给当代青少年成长以指引，能给当代父母教子以启发的内容。

其中，《聪训斋语》《恒产琐言》的相关内容，以康熙年间《笃素堂文集》刻本为底本，以四库全书所收《文端集》版本和商务印书馆《丛书集成初编》版本校补。《澄怀园语》相关内容，以上海古籍出版社《清代诗文集汇编》第229册所收版本为底本，以光绪二年（1896年）葛氏啸园版刻本校补。我们对摘编的内容重新进行了点校，修正了过往版本中的疏漏，提供了通俗易懂的白话译文，撰写了教子简评，用以启发读者思考。为便于读者阅读，我们划分了若干章节，并根据章节的主旨自拟了题目。

为原汁原味展现作品风貌，原作中的通假字、生僻字和异形词一应照旧，异体字则径改为规范字。译文努力忠于原义，但没有追求原文译文一一对应。字词一般不单独作注，引文在原文下简注，并在译文中根据需要酌情引用。《聪训斋语》《澄怀园语》原有跋文和自序介绍成书背景，此次附录于书后，以备读者查阅。

译注过程中，我们反复查考资料，力求译文准确、行文流畅、易于理解，但是囿于学力之限，相信仍难免疏漏。不足之处，尚祈读者指正。

毕 磊

乙巳年孟夏于北京

读书篇

读书者不贱

01

为什么说读书是幸福的？

| 原文 |

圃翁[1]曰：予之立训，更无多言，止有四语：读书者不贱，守田者不饥，积德者不倾，择交者不败。尝将四语律身训子，亦不用烦言絮说矣。虽至寒苦之人，但能读书为文，必使人钦敬，不敢忽视。其人德性亦必温和，行事决不颠倒，不在功名之得失、遇合[2]之迟速也。守田之说，详于《恒产琐言》。积德之说，六经、《语》《孟》[3]、诸史、百家，无非阐发此义，不须赘说。择交之说，予目击身历，最为深切，此辈毒人，如鸩之入口、蛇之螫肤，断断不易，决无解救之说，尤四者之纲领也。余言无奇，止布帛菽粟，可衣可食，但在体验亲切耳。

——张英《聪训斋语》

---

① 圃翁：张英号乐圃，圃翁为其自称。

② 遇合：旧时指受到君主赏识和起用，后多指获得出仕、发迹等机遇。

③ 六经、《语》《孟》：指《诗经》《尚书》《礼记》《乐经》《周易》《春秋》等六部儒家经典著作，以及《论语》《孟子》。

译文

圃翁说，我订立的家训，没有太多话，归纳起来只有四句：读书的人不会卑贱，守田的人不会挨饿，积德的人不会家道衰落，注重择交的人不会道德败坏。我曾经用这四句话来约束自我和教育子女，不必再絮叨多言。即使是那些特别寒苦的人，只要能读书作文，一定会受人尊敬，让别人不敢轻视。这样的人性格必然温和，做事决不错乱，不会在乎功名的得失，也不会在乎机遇的早晚。关于守护田产，我在《恒产琐言》中有详细的论述。关于积德行善，六经、《论语》《孟子》、各类史书、诸子百家著作等都有阐述，就不用多说了。至于择交一条，我亲眼所见、亲身所历，感受最为深切。那些损友害人，就如同毒药入口、毒蛇伤人一样，一旦受其影响就很难改变，更没有可以解救之说，这一点是四句中的要领。我的训诫平平无奇，就像平常可穿可吃的衣服食物一样，只不过是自己的亲身体验罢了。

简评

"万般皆下品，惟有读书高"的说法，世人已经很少讲了。但不可否认，正是依靠读书，许许多多的中国人实现了阶层跃升，实现了丰衣足食，改变了自己的命运。

所谓"读书学问，本欲开心明目，利于行耳"，读书的效用不仅如此。艰难困苦之时，读书还会给人以方向，给人以勇气。志得意满之时，读书又会给人以理智，给人以清醒。正是依靠读书，许许多多的平凡人完善了内心，拓展了视野，实现了自我价值，升华了精神世界。读书的效用，数不胜数！圃翁说"读书者不贱"，言不虚也。

02

读书是最好的养心之道

| 原文 |

圃翁曰：圣贤领要之语，曰"人心惟危，道心惟微"①。"危"者，嗜欲之心如堤之束水，其溃甚易，一溃则不可复收也。"微"者，理义之心如帷之映镫，若隐若现，见之难而晦之易也。人心至灵至动，不可过劳，亦不可过逸，惟读书可以养之。每见堪舆家②平日用磁石养针，书卷乃养心第一妙物。闲适无事之人，镇日不观书，则起居出入，身心无所栖泊，耳目无所安顿，势必心意颠倒，妄想生嗔，处逆境不乐，处顺境亦不乐。每见人栖栖皇皇，觉举动无不碍者，此必不读书之人也。古人有言："扫地焚香，清福已具。其有福者，佐以读书。其无福者，便生他想。"旨哉斯言，予所深赏！且从来拂意之事，自不读书者见之，似为我所独遭，极其难堪。不知古人拂意之事，有百倍于此者，特不细心体验耳。即如东坡先生，殁后遭逢高、孝③，文字始出，名震千古。而当时之忧谗畏讥，困顿转徙潮

① 语出《尚书·大禹谟》，大意为"人内心的欲望难以满足，天理精微需要悉心探寻"。
② 堪舆家：指风水先生。古时风水先生常用罗盘勘验风水。
③ 高、孝：指宋高宗、宋孝宗，二人十分推崇苏轼的诗文。

惠之间，苏过^①跣足涉水，居近牛栏，是何如境界？又如白香山之无嗣^②，陆放翁之忍饥，皆载在书卷。彼独非千载闻人，而所遇皆如此。诚壹平心静观，则人间拂意之事，可以涣然冰释。若不读书，则但见我所遭甚苦，而无穷怨尤嗔忿之心，烧灼不宁，其苦为何如耶！且富盛之事，古人亦有之，炙手可热，转眼皆空。故读书可以增长道心，为颐养第一事也！

记诵纂集，期以争长应世，则多苦。若涉览，则何至劳心疲神？但当冷眼于闲中窥破古人筋节处耳。予于白陆诗，皆细注其年月，知彼于何年引退，其衰健之迹皆可指，斯不梦梦耳。

——张英《聪训斋语》

译文

圃翁说，圣贤所说的最重要的话，是"人心惟危，道心惟微"。所谓"危"，是指人的贪婪私欲之心如同拦截洪水的堤坝，非常容易溃决，一旦溃决就一发而不可收。所谓"微"，是指人的公理正义之心如同帷幕遮挡的灯光，若隐若现，很难看清楚却很容易被遮蔽。人心非常灵动，不可使其过于疲劳，也不可使其过于安逸，只有读书可以养护它。常见风水先生用磁石养护罗盘

---

① 苏过：苏轼第三子。
② 白居易晚年得子，但其子幼年即夭折。

上的指针，相同的道理，书卷就是养护心灵的第一妙品。闲散安适、无所事事的人，整日不看书，无论是饮食起居还是出门归家，身心都无所寄托，耳目都无所安放，势必会导致神魂颠倒、胡思乱想，身处逆境闷闷不乐，身处顺境也郁郁寡欢。经常见到有些惶恐不安的人，总感觉自己的一举一动到处受阻，这一定是不读书的人。古人说："打扫洁净，焚烧清香，已经算是清闲安逸的生活。那些有福之人，还会用读书来增添福气。而那些无福之人，则只会胡思乱想。"这句话说得多好啊！我很欣赏！历来遇到不如意的事，不读书的人见了，都会认为那是他独有的遭遇，非常难以忍受。他们不知道，古人遇到的不如意的事情，要比他的遭遇还要严重百倍，只是他没有细心体察而已。就好比苏东坡先生，过世后才受到宋高宗、宋孝宗的推崇，文字才被世人认知，名震千古。而他在世之时，却常常担忧谗言中伤、畏惧流言诽谤，生活困顿，在潮州、惠州等边远地区辗转流离。儿子苏过光着脚过河，居住在牛圈附近，这是多么困苦的境地啊？又比如白居易晚年遭遇丧子之痛，陆游缺衣少食，生活困顿，这些情况书上都有记载。他们谁不是名垂青史的人物，然而人生遭遇都是如此。如果真能平心静气去想，那人世间不如意的事情，都可以全部消解了。如果人不读书，就只会认为自己的遭遇最苦，怨天尤人、愤世嫉俗的心情就会无穷无尽，内心就会焦灼不宁，为什么要这样自寻烦恼呢？况且，人世间的富贵荣华，古人也都曾经拥有，即使一时炙手可热，最终也不过是过眼烟云。所以读书可以修心悟道，是颐养心灵的第一要事。

用记录、背诵、编撰、收集的方法读书，希望以此增长才干，提升应对世事的能力，会觉得读书很辛苦，没有乐趣。如果只是稍加涉猎、泛读浏览，心神又怎会疲劳呢？读书人只须冷眼旁观，悟透古人文章的精要之处即可。我读白居易和陆游的诗歌，都仔细标注作品的年月，知道了他们哪一年隐退，诗歌当中人生盛衰的迹象也就一目了然了。这样读书才不会混沌不明啊！

简评

　　人人都说读书好，可是读书究竟好在哪儿？诚然，"书中自有黄金屋，书中自有千钟粟，书中自有颜如玉"。可是，引导孩子读书，不单是为了一个物质殷实的未来，也是为了一个积极向上的灵魂。从书里，我们可以看成败、鉴得失、知兴替；从书里，我们可以养性情、知廉耻、辨是非。所以，书有用，却未必只为衣食之需；书要读，却万万不可只读教科书。

03

读书，让我们拥有更多选择

| 原文 |

　　读书固所以取科名、继家声，然亦使人敬重。今见贫贱之士，果胸中淹博①、笔下氤氲②，则自然进退安雅、言谈有味。即使迂腐不通方，亦可以教学授徒，为人师表。至举业，乃朝廷取士之具，三年开场大比③，专视此为优劣。人若举业高华秀美，则人不敢轻视。每见仕宦显赫之家，其老者或退或故，而其家索然者，其后无读书之人也。其家郁然者，其后有读书之人也。山有猛兽，则藜藿④为之不采。家有子弟，则强暴为之改容。岂止掇青紫⑤、荣宗祊⑥而已哉！予尝有言曰"读书者不贱"，不专为场屋进退而言也。

　　　　　　　　　　　　　　　　　　——张英《聪训斋语》

---

① 胸中淹博：形容一个人学识渊博，见多识广，能够融会贯通各种知识。

② 氤氲：烟气、烟云弥漫，此处形容文章气象万千。

③ 大比：起初专指各省组织的科举乡试，明清时期也指在京城组织的科举会试。乡试、会试均为三年一次，各省乡试在前，京城会试在后。

④ 藜藿：音 lí huò，藜草和豆叶，泛指野菜。

⑤ 青紫：古代公卿的服装颜色，代指公卿。

⑥ 宗祊：祊音 bēng，宗庙之门，代指宗族。

读书固然是为了考取功名、传承家族的声望，也能让人受到尊重。看看那些贫贱的读书人，果真知识渊博、文采飞扬，自然也会举止文雅、言谈风趣。即使性格迂腐、不懂变通，也可以收徒教书，为人师表。至于科举考试，那是朝廷选拔人才的方式，三年一次大考，专门以此评定人才优劣。读书人如果写得一手文采出众的科举文章，旁人自然不敢轻视。常常见到显赫的官宦人家，家里的长辈退休或亡故之后，家族就开始离散败落，这是因为家中后代没有读书人的缘故。家族能够保持兴旺发达，家中后辈必定有很多读书人。就像山上有猛虎，野菜就无人敢采。家中有读书人撑持，凶狠强横的人也会改变态度。读书岂止是获得高官厚禄、光宗耀祖而已啊！我曾经说过"读书者不贱"，不单是针对科举考试的成败所说的。

简评

努力读书，就像是在为人生储备资本，前期虽苦，最终一定能够苦尽甘来。"劳心者治人，劳力者治于人"，读书的辛苦与成年后为生计奔波的辛苦相比，简直不值一提。想来，读书还是成功道路里最简单的一条。

圃翁勉励孩子，依靠读书安身立命，依靠读书知礼、诗书传家。其实，读书的效用还有很多。读书，对丰富孩子的精神世界，帮助他们的心智成长同样有重要作用。曾文正公就曾说过:"人之气质,由于天生,本难改变。惟读书则可变化气质。"确实是这样,心中有方圆,自然不易钻牛角尖。心中有天地,自然不易患得患失。心中有诗书,自然不易唉声叹气。所谓"腹有诗书气自华",就是这个道理。

04

做个真正的爱书人

| 原文 |

凡人借书至日久遂藏匿不还，或室中所有之书有所残缺失落，而不及早检点寻觅，均是读书人之病。

——张廷玉①《澄怀园语》

| 译文 |

借书很久后就把书藏匿起来不还，或者自己的书残缺丢失也不尽快去检查寻找，这些都是读书人的毛病。

---

① 张廷玉：号研斋，谥号文和，因此也被称为"文和公"。

　　古往今来，自诩"爱书"的人很多，但有真有假。有这样一些"爱书人"，打着"爱书"的旗号借书不还，或者四壁图书却落满灰尘，甚至四处散落。这是真正的爱书吗？

　　真正的爱书，首先是要读书，一本书只有被阅读，才能真正实现它的价值，不然只是家中的装饰品。然后要读懂书，如果只是快速翻翻，泛泛读过，其中内容如过眼云烟，这不是真正的读书，也不会受到多少启迪。除此之外，还要会藏书，拿来信手乱涂，看完随手一扔，读后不知所终，这种行为更不可取。

05

每晚睡前读点书

| 原文 |

　　予少时，夜卧难以成寐，既寐之后，一闻声息即醒。先兄宫詹公①授以引睡之法：背读上《论语》数页或十数页，使心有所寄。予试之，果然。后推广其意，诵渊明诗"采菊东篱下，悠然见南山"，或钱考功②诗"曲终人不见，江上数峰青"，或陆放翁诗"小楼一夜听春雨，深巷明朝卖杏花"，皆古人潇洒闲适之句，神游其境，往往睡去。盖心不可有著，又不可一无所著也。理固如此。

——张廷玉《澄怀园语》

| 译文 |

　　我年轻的时候，晚上躺下后很难入睡，等好不容易睡着，听

---

① 宫詹公：指张廷瓒，张廷玉兄长。
② 钱考功：指钱起，唐代诗人。

到一点动静就会惊醒。我的哥哥廷瓒教给我一个帮助入睡的方法：睡前先背诵或阅读若干页《论语》，让内心有所寄托。我试了一下，果然有效。后来，我把他的方法推而广之，诵读陶渊明的诗"采菊东篱下，悠然见南山"，或者钱起的诗"曲终人不见，江上数峰青"，再或者陆游的诗"小楼一夜听春雨，深巷明朝卖杏花"，都是些古人潇洒闲适的诗句，想象自己身处诗句描写的景色中，常常不知不觉就睡着了。这大概是因为内心不能存事，又不能完全没有着落的缘故。应该是这样的道理。

简评

想不到文和公也和许多现代人一样，患有"入睡困难症"。更想不到，他早在几百年前就已经领悟了"读书助眠"的妙用。

孩子小时候，很多父母都有带孩子睡前讲故事的好习惯。然而等孩子长大了，睡前再想读书，有的父母却担心读书影响睡眠。这样的担忧实属多余。内容轻松、温情的图书能够平复学习的紧张情绪，舒缓忙碌一天的神经，导引自然入睡的气息。很多人感觉一翻书就困了，就是这个原因。

但是，千万不要把睡前阅读当成学业的延续，给孩子布置阅读任务。此外，睡前阅读还是要尽量选择纸质图书，电子产品的屏幕过于明亮，且容易让人分心兴奋，反而是不利于睡眠的。

06

我们为什么要阅读经典？

| 原文 |

　　《论语》文字，如化工肖物，简古浑沦而尽事情，平易含蕴而不费辞，于《尚书》《毛诗》①之外别为一种。《大学》《中庸》之文，极闳阔精微而包罗万有。《孟子》则雄奇跌宕，变幻洋溢。秦汉以来，无有能此四种文字者。特以儒生习读而不察，遂不知其章法、字法之妙也。当细心玩味之。

——张英《聪训斋语》

---

①《毛诗》：指的是战国时鲁国人毛亨和赵国人毛苌辑注的《诗经》，即当今通行的《诗经》版本。

| 译文 |

《论语》的文字，如同造物主刻画万物，简约古朴、浑然天成，却道尽人情事理，平易通俗、富含哲理，却不啰唆拖沓，在《尚书》《毛诗》之外独树一帜。《大学》《中庸》的文字，博大精深而又包罗万象。《孟子》的文字气势雄奇、跌宕起伏而又变化万千。秦汉以来，没有人能写出上述四种文字。只是儒生们熟读却不体察，因而领悟不到这些经典作品章法和文法的巧妙。你们一定要细心揣摩。

简评

总有人拿陶渊明"好读书不求甚解"的例子，为自己读书不深不透开脱。其实五柳先生的话有自谦的成分，且后面还有半句"每有会意，便欣然忘食"。他强调的是做学问要以"会意"（也就是理解文意）为目的，不要死抠字眼，而不是说读书可以囫囵吞枣。

在原文基础上学深学透，才是学习经典著作的正途。不要畏难，只看些译文、注解和解读文章。也不要贪快，一目十行，只重数量而"不求甚解"。只有回归到原文熟读成诵，切入原文揣度琢磨，循环反复，才能真正"会意"，继而文义自见、文采自得。

07

读古文要读文集，
不能只读片言只字

　　圃翁曰：人往往于古人片纸只字^①，珍如拱璧^②。其好之者，索价千金。观其落笔神彩，洵^③可宝矣。然自予观之，此特一时笔墨之趣所寄耳。

　　若古人终身精神识见，尽在其文集中，乃其呕心刿^④肺而出之者，如白香山、苏长公之诗数千首，陆放翁之诗八十五卷。其人自少至老，仕宦之所历，游迹之所至，悲喜之情，怫愉之色，以至言貌謦欬^⑤、饮食起居、交游酬错，无一不寓其中。较之偶尔落笔，其可宝不且万倍哉？予怪世人于古人诗文集不知爱，而宝其片纸只字，为大惑也。

---

① 片纸只字：即片言只字，原指零碎的文字材料，此处代指世间流传的名人手迹。

② 拱璧：双手合抱大小的玉璧，比喻珍贵之物。

③ 洵：诚然、实在、非常。

④ 刿：音 guì，刺伤、割。

⑤ 謦欬：音 qǐng kài，意思是咳嗽声，这里引申为言笑。

予昔在龙眠，苦于无客为伴，日则步屧①于空潭碧涧、长松茂竹之侧，夕则掩关读苏、陆诗，以二鼓为度。烧烛焚香煮茶，延两君子于坐，与之相对，如见其容貌须眉然。诗云："架头苏陆有遗书，特地携来共索居。日与两君同卧起，人间何客得胜渠？"②良非解嘲语也。

——张英《聪训斋语》

译文

圆翁说，人们往往把古人的片言只字看作拱璧一样珍贵。对那些喜好这些东西的人，卖家动辄索要千金。从中观赏作者落笔行笔的神采，诚然宝贵，然而在我看来，那些不过是古人一时笔墨兴致的寄托罢了。

古人一生的思想和见识，都凝聚在他们的文集中，这是他们呕心沥血的成果，比如白居易、苏轼的数千首诗歌，陆游的八十五卷诗集。他们从少到老，一生的仕宦经历、游览的足迹、内心的悲欢之情、面庞的喜怒之色，乃至音容笑貌、饮食起居、交友应酬的情况，无一不体现在文集中。和偶尔落笔留下的片言

---

① 步屧：屧音 xiè，意思是漫步、行走。
② 大意为：书架上有苏轼、陆游的著作，我特地带它们来陪我离群索居。每天和二位君子同睡同起，世上什么人能胜得过他们俩啊？

只字相比，文集难道不宝贵万倍吗？我很奇怪世人不懂得爱惜古人的诗文集，却把他们的片言只字当宝贝，真是叫人疑惑不解。

我过去居住在龙眠山，常常苦于无人陪伴，白天行走在潭水山涧、茂林修竹之间，晚上闭门阅读苏轼、陆游的诗歌，直到二更天才歇息。点燃蜡烛，焚香煮茶，邀请苏、陆两位君子，与他们相对而坐，好像他们真的近在眼前。我曾经作诗写道："架头苏陆有遗书，特地携来共索居。日与两君同卧起，人间何客得胜渠？"这实在不是自嘲的话。

简评

对古代的诗词名篇，当然要背诵，这是学习的基础，但是理解和释读同样必不可少。而要理解，要释读，最好的方法就是像圃翁一样——"与古为徒"和"意与古会"。"与古为徒"，就是和古人做朋友，把他的作品当作身边朋友的书信，了解古人的身份，理解古人的处境，思考古人的决断。"意与古会"，就是带入古人的思想，明白古人的追求，体会古人的情感。努力做到这两点，一切难题就迎刃而解了。

08

如何让孩子爱读书、读好书、善用书?

| 原文 |

凡读书，二十岁以前所读之书，与二十岁以后所读之书迥异。少年知识未开，天真纯固，所读者虽久不温习，偶尔提起，尚可数行成诵。若壮年所读，经月则忘，必不能持久。故六经、秦汉之文，词语古奥，必须幼年读。长壮后，虽倍蓰①其功，终属影响②。自八岁至二十岁，中间岁月无多，安可荒弃或读不急之书? 此时，时文固不可不读，亦须择典雅醇正、理纯词裕、可历二三十年无弊者读之。若朝华夕落、浅陋无识、诡僻失体、取悦一时者，安可以珠玉难换之岁月而读此无益之文? 何如诵得《左》《国》一两篇及东西汉典贵华腴之文数篇，为终身受用之宝乎?

且更可异者: 幼龄入学之时，其父师必令其读《诗》、《书》、《易》、《左传》、《礼记》、两汉、八家③文。及十八九，作制义④、应

---

① 倍蓰: 数倍。蓰音 xǐ，五倍。
② 影响: 影子和回声，此处指学习不深不实。
③ 八家: 指唐宋八大家韩愈、柳宗元、欧阳修、苏洵、曾巩、王安石、苏轼、苏辙。
④ 制义: 即时文，科举八股文。

科举时，便束之高阁，全不温习。此何异衣中之珠，不知探取，而向涂①人乞浆乎？且幼年之所以读经书，本为壮年扩充才智，驱驾古人，使不寒俭，如畜钱待用者然。乃不知寻味其义蕴，而弁髦②弃之，岂不大相刺谬③乎？

我愿汝曹将平昔已读经书，视之如拱璧，一月之内必加温习。古人之书，安可尽读？但我所已读者，决不可轻弃。得尺则尺，得寸则寸，毋贪多，毋贪名，但读得一篇，必求可以背诵，然后思通其义蕴，而运用之于手腕之下。如此，则才气自然发越。若曾读此书，而全不能举其词，谓之"画饼充饥"；能举其词，而不能运用，谓之"食物不化"。二者其去枵腹④无异。汝辈于此，极宜猛省。

——张英《聪训斋语》

| 译文 |

大凡读书，人在二十岁之前所读的书，和二十岁以后所读的书大不相同。少年时，人还缺乏辨识事物的能力，心智天真纯

---

① 涂：通"途"，道路。
② 弁髦：音 biàn máo，弁指黑色布帽，髦指童子眉际垂发。古代男子行冠礼，先加缁布冠，次加皮弁，后加爵弁，三加后，即弃缁布冠不用，并剃去垂髦，理发为髻。因此，以弁髦形容弃置无用之物。
③ 刺谬：音 là miù，意为违背、悖谬。
④ 枵腹：枵音 xiāo，指空腹，形容空疏无学。

朴，所读的书即使很久不温习，偶尔提起也能大段背诵。壮年以后所读的书，过上个把月就会忘记，一定不能持久。所以六经、秦汉古文这些古拙深奥的文章，必须幼年时读。壮年以后，即使下数倍的功夫，最终也只是留下影影绰绰的印象罢了。从八岁到二十岁，中间没有多久，怎么能虚度光阴或者去读那些不是当务之急的书呢？这段时间里，应试用的八股文固然不可不读，但也应该选择行文典雅、立意高远、阐释到位、辞藻丰富，经过二三十年都不会被人挑出毛病的文章来读。那些无法经受时间考验、内容浅陋、见解狭隘、新奇荒谬、体例杂乱、时兴一时的文章，怎能把珠玉难换的宝贵时光浪费在上面？何不背诵一两篇《左传》《国语》里的文章或者数篇两汉时期典雅华美的文章，作为终身受用的财富呢？

更让人感到怪异的是：有些儿童刚入学时，他们的父母老师一定让他们熟读《诗经》《尚书》《周易》《左传》《礼记》以及两汉辞赋、唐宋八大家的古文。等到他们十八九岁，开始学写八股文、准备参加科举考试时，却把过去所学束之高阁，丝毫不去温习。这样的做法，和怀揣珍珠却不懂得取用，反而要向路人乞讨要饭有什么区别？幼年时读那些经书，本来就是为壮年后积累才智、掌握先贤智慧，使自己不至于思想浅薄、用词鄙陋准备的，这就和平时储蓄以备不时之需同一个道理。不去探求这些经典的深刻道理，而把它们当作无用之物弃之一边，不是十分荒谬吗？

我希望你们把平时已经读过的经书当作珍宝，每隔个把月就拿出来温习一遍。古人的书，怎么能读得完？但是我们已经读过的书，绝不可轻易抛弃。能学到一尺算一尺，能学到一寸算一寸，不要贪多，也不要贪图博览群书的虚名。每读一篇文章，就要努力背诵下来，深入理解其中的深意，并将其运用到自己的写作中。这样，你们的文章自然就会文采飞扬。如果读过一本书，却连其中的只言片语都说不出来，那不过是"画饼充饥"；如果能说出只言片语，却不能为我所用，那便是"食物不化"。这两种情况和胸无点墨没有什么区别。对于这一点，你们一定要深刻警醒。

简评

标榜好读书的人很多，但是真正会读书和善用书的人却不多。读书读书，并非是书就读。要有所取舍，集中精力读好书。可以从经典作品入手，反复研读，最好熟读成诵。也要有所思考，一定要在熟悉内容的基础上，参悟其中的道理，久而久之，把书中精髓内化于心。

先贤读书，十分注重为我所用，写文章时借鉴经典作品的体例、行文，甚至直接引经据典，为自己的文章增光添彩。进而特别讲究知行合一，汲取书籍的滋养，用以修养身心、提升学力，"苟日新，日日新，又日新"。如此这般，才是掌握了读书的真谛。

09

读书写作，在精不在多

| 原文 |

时文①以多作为主，则工拙自知，才思自出，溪径②自熟，气体自纯。读文不必多，择其精纯条畅、有气局词华者，多则百篇，少则六十篇，神明与之浑化，始为有益。若贪多务博、过眼辄忘，及至作时，则彼此不相涉，落笔仍是故吾，所以思常窒而不灵，词常窘而不裕，意常枯而不润。记诵劳神，中无所得，则不熟不化之病也。学者犯此弊最多。故能得力于简，则极是要诀。古人言"简练以为揣摩"③，最是立言之妙，勿忽而不察也。

——张英《聪训斋语》

----

① 时文：与"古文"相对，指科举考试的应试文体，明清时专指八股文。
② 溪径：通"蹊径"，指门路。
③ 语出《战国策·秦策》，大意为"择取精要，反复体味琢磨"。

　　应试文章要多写多练，这样你自然能够分辨文章的好坏，写作的思路自然就会涌现，写作的门道自然就会熟悉，文章的风格自然就会纯正。阅读别人的例文不必追求数量，而是选择那些精彩纯朴、思路流畅、气势宏伟、富有文采的文章，多则百余篇，少则六十篇，将自己的思绪与这些文章融为一体，这样才会有所收获。如果只是贪多求全、过目就忘，那等你自己写作时，这些看过的例文就和你毫无关联，落笔还是过去的老样子，思路还是常常堵塞不通，词汇还是常常单调贫乏，意境还是常常枯燥干涩。耗费精神去背诵，内心却一无所得，这是不熟练不吸收造成的。读书人最容易犯这种错误。所以，能在行文简练上下功夫，是特别重要的诀窍。古人说"简练以为揣摩"，这种见解最为精妙，不要不以为然而不去深入体会。

简评

　　　　写作也是一门"技艺"，有内在的学习规律，这种规律就是既要广泛地读，也要努力地练。

　　　　很多人误以为博览群书就能提升写作水平。涉猎广泛当然是好事，但是读只是一个方面。除了大量阅读来拓展知识面，积累词汇量，更重要的是择选优秀范例揣摩练习。一定要动笔去写，一定不要犯懒，写作水平提升，非要经历"依葫芦画瓢"这个过程不可。

　　　　"铺开去读"和"扎下去写"正如两条腿走路，不可偏废。

10

什么样的诗才是好诗？

| 原文 |

　　欧阳公论诗曰："状难写之景，如在目前；含不尽之意，见于言外，然后为工。"此数语，看来浅近，而义蕴深长，得诗家之三昧①矣。

——张廷玉《澄怀园语》

| 译文 |

　　欧阳修曾这样论述诗歌："描写难以描述的景物，让人感觉景物就在眼前；表达语言无法阐释的内涵，让人在诗歌之外意会，这才是一首好诗。"这几句话看起来很浅显，实则意蕴深远，是写好诗歌的要诀。

---

① 三昧：佛教用语，指要诀。

　　文和公转述欧阳修的几句诗论，对写好诗特别有启示。

　　写诗不必事无巨细，只需抓住关键，读者自然可以管中窥豹。诗如能以小见大，从小处着眼，从眼前入手，读者便可从文字中生发联想，头脑中自然会描绘出"未见之景"。

　　一首好诗往往不单单是描述和记叙，作者总是有自己的观察和思考，从事物和事件本身延伸出去，落笔处或者发人深省，或者给人启迪，或者展现人性中的真善美。这样的诗才有价值，才有生命力。

11

如何写出好文章？

| 原文 |

　　凡物之殊异者，必有光华发越于外。况文章为荣世之业、士子进身之具乎！非有光彩，安能动人？闱中之文①，得以数言概之，曰理明、词畅、气足、机圆。要当知棘闱之文，与窗稿、房、行书②不同之处，且南闱③之文，又与他省不同处。此则可以意会，难以言传。惟平心下气细看南闱墨卷④，将自得之。即最低下墨卷，彼亦自有得手，亦不可忽。此事最渺茫。古称射虱者，视虱如车轮，然后一发而贯。⑤今能分别气味截然不同，当庶几矣。

---

① 闱中之文：与后文"棘闱之文"均指科举应试文章。棘闱即棘围，指考场，旧时科举为防作弊，用荆棘圈围考场，故得名。

② 窗稿、房、行书：窗稿指私塾学生的习作；房指房稿，即进士平日所作八股文的选集；行书指举人所作八股文的选集。

③ 南闱：指清代江南行省乡试。清初时，江南一省的赋税占全国的三分之一，而每期科考，江南一省的上榜人数占全国近一半。南闱竞争激烈，考生水平较高，有"天下英才，半数尽出江南"一说。

④ 墨卷：此处指中举考生的范文。

⑤ 语出《列子·汤问》中"纪昌学射"的典故，纪昌学习射箭，日夜勤学苦练，从远处看虱子如车轮那么大。

汝曹兄弟叔侄，自来岁正月为始，每三、六、九日一会，作文一篇，一月可得九篇，不疏不数①，但不可间断，不可草草塞责。一题入手，先讲求书理极透彻，然后布格遣词，须语语有着落，勿作影响语，勿作艰涩语，勿作累赘语，勿作雷同语。凡文中鲜亮出色之句，谓之"调"。调有高卑。疏密相间，繁简得宜处，谓之"格"。此等处，最宜理会。深悯人读时文累千累百，而不知理会，于身心毫无裨益。夫能理会，则数十篇、百篇已足，焉用如此之多？不能理会，则读数千篇，与不读一字等，徒使精神瞆乱。临文捉笔依旧茫然，不过胸中旧套应副，安有名理精论，佳词妙句奔汇于笔端乎？

所谓理会者，读一篇则先看其一篇之"格"，再味其一股之"格"，出落之次第，讲题之发挥，前后竖义之浅深，词调之华美，诵之极其熟，味之极其精，有与此等相类之题，有不相类之题如何推广扩充。如此，读一篇有一篇之益，又何必多，又何能多乎？每见汝曹读时文成帙②，问之不能举其词，叩之不能言其义，粗者不能，况其精者乎？自诳乎？诳人乎？此绝不可解者，汝曹试静思之，亦不可解也。以后，当力除此等之习。读文必期有用，不然宁可不读。古人有言："读生文不如玩熟文，必以我之精神包乎此一篇之外，以我之心思入乎此一篇之中。"噫嘻，此岂易言哉！

汝曹能如此用功，则笔下自然充裕，无补缉、寒涩、支离、冗泛、草率之态。汝每月寄所作九首来京，我看一会两会，则汝曹之

---

① 数：音 shuò，细密、多。
② 帙：音 yì，套，线装书一套称为一帙。

用心不用心，务外①不务外，了然矣。作文决不可使人代写，此最是大家子弟陋习。写文要工致，不可错落涂抹，所关于色泽不小也。汝曹不能面奉教言，每日展此一次，当有心会。幼年当专攻举业，以为立身根本。诗且不必作，或可偶一为之，至诗余②则断不可作。余生平未尝为此，亦不多看。苏、辛尚有豪气，余则靡靡，焉可近也？

——张英《聪训斋语》

| 译文 |

大凡特别出众的事物，必定会散发出独特的光彩。何况文章是光宗耀祖的事业、读书人入仕做官的工具呢！如果没有光彩，怎能打动人心？科举考试的应试文章，可以用几个要点来概括，即：说理清晰、行文流畅、气势磅礴、构思圆融。要知道，应试文章与日常习作、过往范文是不同的。而江南乡试的应试文章，又与其他省份的乡试应试文章也有不同之处。这些细微的差别，只可意会，难以言传。只有平心静气、仔细研读江南乡试的往届优秀范文，才能真正领悟其中的精髓。即使是最差的范文，也有它的过人之处，同样不可忽视。这些事是非常微妙的。古人说，

---

① 务外：指研究学问浮于表面，不深入。
② 诗余：指词。

经常拿虱子当目标练习射箭的人，眼睛里的虱子有车轮那么大，可以一箭贯穿。现在我们读文章，如果能分辨出不同文章截然不同的格调韵味，也就差不多了。

你们这些兄弟叔侄，从明年正月开始，每逢三、六、九日聚在一起，各自作一篇文章，这样一个月就可以写九篇文章，不多不少，只是不可间断，也不可敷衍了事。拿到一个题目，要先彻底理解其中的道理，再开始谋篇布局，要做到每句话都言之有物，不要写虚无缥缈的话，不要写艰涩难懂的话，不要写啰里啰唆的话，不要写前后雷同的话。文章中那些鲜明出彩的句子，被称为"调"。"调"有高下之分。文章中疏密有致、繁简得当的地方，则被称为"格"。这些方面，最值得深入思考和用心领会。让人懊恼的是，很多人读了成百上千的文章，却不懂得思考领会，读下来对身心成长一点帮助也没有。如果能够思考领会，百八十篇就已经足够，用得着读那么多吗？如果不能思考领会，读数千篇和不读一个字没有区别，白白劳神费力。写作时拿起笔来仍旧茫然无措，只能用心里已有的套路去应付，怎么会有深刻的道理和精彩的词句涌现笔端呢？

所谓思考领会，就是要在读一篇文章时，先整体把握它的"格"，再去体会每一部分的"格"，去感受句子的布局与层次，观点的阐述与发挥，脉络的详略与延续，以及语言的华美程度。只有背诵得非常熟练，方能体会到其中的精妙之处，知道以后遇到类似或不类似的题目，该如何将学到的知识活学活用。这样，就能读一篇有一篇的收获，何必读那么多呢，又哪有精力去读很多呢？常常看到你们读了很多文章，问一问却说不出其中几句话，更说不出其中的涵义。粗略了解都谈不上，还谈什么仔细研读呢？是骗自己呢，还是骗别人呢？这样做我实在难以理解，你们如果认真想想，也肯定不理解。以后，要努力克服这种习惯。阅读文章一定要读出效果来，不然宁可不读。古人说："读陌生的文章，不如研读熟悉的文章。一定要把自己的思维从文章拓展出去，也一定要把自己的思路深入到文章的内涵中去。"哎呀，说得容易做到很难啊！

假如你们能这样下功夫，那笔下自然会挥洒自如，没有东拼西凑、艰涩不畅、支离破碎、冗长空洞、敷衍搪塞的毛病。你们把自己的作品按月寄来，我检查一两次之后，你们学习用不用心、深不深入，就了然于胸了。绝不能让别人帮你们代写文章，这是世家子弟的最大陋习。写文章还要注意工整有序，不能错乱无章、随意涂改，这对文章的美观影响很大。你们无法当面听我教导，每天打开这些话读一读，也会有心得。年少时要专注于学业，将其作为安身立命的根本。暂且不必作诗，当然偶尔作一首也无妨。至于词则绝不可写。我一生没有填过词，也从不多看。苏轼、辛弃疾的词尚有豪气，其余人的词多是颓废的靡靡之音，哪能靠得太近啊！

简评

圃翁是古文大家，他在这一篇中对什么是好文章、如何写好作文、如何练笔等，都讲解得非常透彻。

好文章的标准是什么？"理明、词畅、气足、机圆"，也就是说理清晰、行文流畅、气势磅礴、构思圆融。如何写出好文章？"一题入手，先讲求说理极透彻，然后布格遣词，须语语有着落"，也就是要紧密切题，确定鲜明的主题，然后构思文章结构，起笔落笔都要言之有物。此外，还要有"格"有"调"，也就是疏密有致，有画龙点睛之笔。如何练笔？"不可间断，不可草草塞责"，也就是勤加练习，熟能生巧，不投机取巧，不走旁门左道。

其中，尤其是写作的顺序，需要写作者特别留意。立意是文章之"魂"，文章最忌边写边看，立意不清写再多也是白费力气。确定好立意，就有了贯穿全篇的经络，文章的一字一句都围绕经络，才无东拼西凑之感。有"魂"之后要有"骨"，结构清晰则行文畅快，起承转合之间文意娓娓道来，读者可心如明镜。有"魂"有"骨"还需有"肉"，内容要"体态匀称"，遣词造句也要"肥瘦相间"，还要增添些漂亮话，提升文章的"格"和"调"，这样才能写就一篇好文章。

12

胸有成竹，方能下笔如神

读书须明窗净几，案头不可多置书。读文作文，皆须凝神静气，目光炯然。出文于题之上，最忌坠入云雾中，迷失出路。多读文而不熟，如将不练之兵，临时全不得用，徒疲精劳神，与操空拳者无异。

作文，以握管之人为大将，以精熟墨卷百篇为练兵，以杂读时艺为散卒，以题为坚垒。若神明不爽朗，是大将先坠云雾中，安能制胜？

——张英《聪训斋语》

| 译文 |

读书一定要选择在明亮的窗前，准备干净的几案，桌上不能放置很多书。无论读书还是作文，都要凝心静气、眼明心亮。写作文一定要紧扣题目，最忌讳写得云山雾罩，迷失方向。读很多

书却都不熟练，就好比统帅一支缺乏训练的军队，临阵无兵可用，白白劳神费力，这与赤手空拳上阵又有什么区别呢？

写作文就好比一场战役：写作者是运筹帷幄的大将，熟读并烂熟于心的数百篇经典范文是精锐之师，平时积累的各类八股文则是辅助的散兵游勇，而文章的题目则是必须攻克的中心堡垒。如果头脑不清醒，相当于大将先迷失在云雾中，怎么能取胜呢？

简评

苏轼表兄文同擅长画竹，苏轼说他"画竹必先得成竹于胸中"，后世人就把事前做好谋划称作"胸有成竹"。画画如此，写作亦然。初学写作，往往急于求成，没有构思好就动笔，想到哪儿就写到哪儿，最终的结果往往就是一盘散沙。

写作必须从切题开始，以"题"为"魂"，每一章每一节，每一句每一字都围绕这个灵魂铺展开来。读者读到每一行每一段，都能领悟作者要表达的"魂"才可以。

写作必须想好结构，以文章的"骨架"串联内容，起承转合按序展开，详略铺陈按需取舍。每一部分都用上平时积累的精言妙语，确保读者读下来，能把作者的用意了然于胸。

整个写作过程，最忌思路一团糟糊，最忌言语云里雾里。如果作者自己思路都不清楚，读者就更不会清楚。

13

写文章，始于"模仿"，终于"创新"

| 原文 |

　　韦苏州[①]《滁州西涧》诗曰："春潮带雨晚来急，野渡无人舟自横。"寇莱公[②]《春日登楼怀归》诗曰："野水无人渡，孤舟尽日横。"是化七言一句为五言两句也。当捉笔时，或有意耶，抑或无意耶，不能起古人而问之矣！

——张廷玉《澄怀园语》

| 译文 |

　　韦应物的《滁州西涧》诗里有一句"春潮带雨晚来急，野渡无人舟自横"。寇准的《春日登楼怀归》诗里则有一句"野水无

---

① 韦苏州：指韦应物，唐代诗人。
② 寇莱公：指寇准，北宋政治家、诗人。

人渡，孤舟尽日横"。这是寇准把韦应物的一句七言诗变成了两句而已。当寇准执笔时，是有意还是无意，已经无法让古人起来问一问了！

简评

　　古诗中化用甚至模仿前人诗句的例子很多。比如，王勃的那句特别有名的"海内存知己，天涯若比邻"，就是化用曹植的"丈夫志四海，万里犹比邻"。南宋叶绍翁的那句"春色满园关不住，一枝红杏出墙来"，就是化用陆游的"杨柳不遮春色断，一枝红杏出墙头"。甚至曹操《短歌行》中的"青青子衿"，根本就是《诗经》里的原句。然而，这并不妨碍原作和新作各自的价值。

　　很多家长生怕孩子"抄作文"，更别提仿写了。孩子初学作文，就要他们面对一张稿纸生编硬造。有时候自己给孩子稍加讲解，就期望孩子能够下笔千言。这是不可能的事。

　　虽说"天下文章一大抄"的观点难免偏颇，但是抄写和仿写确实能够快速提升写作能力。孩子通过抄写和仿写，可以快速地了解佳作的结构和章法，能够直观地学到漂亮的句子和词语，然后"照着葫芦画瓢"，慢慢地就能写出像模像样的文章来。抄写和仿写不是洪水猛兽，甚至可能是提升写作能力的捷径。

14

不做吹毛求疵的读书人

| 原文 |

　　欧阳文忠公[①]之子，名发，述公事迹有曰："公奉敕撰《唐书》，专成纪、志、表，而列传则宋公祁[②]所撰。朝廷恐其体不一，诏公看详，令删为一体。公虽受命，退而曰，'宋公于我为前辈，且各人所见不同，岂可悉如己意'。于是一无所易。"余览之，为之三叹。每见读书人，于他人著作往往恣意吹求，以炫己长。至于意见不同，则坚执己见，百折不回。此等习气，虽贤者不免。览欧公遗事，其亦知古人之忠厚固如是乎！

——张廷玉《澄怀园语》

---

① 欧阳文忠公：指欧阳修，北宋政治家、文学家。
② 宋公祁：指宋祁，北宋政治家、文学家。

欧阳修之子欧阳发，讲述父亲的事迹时说："先父奉命修撰《唐书》，他自己编撰了其中的纪、志、表三部分，而列传部分则由宋祁先生编撰。朝廷恐怕体例不一，下令先父审阅研究，让他删改成统一体例。先父虽然接受了命令，但他退朝后说，'宋公是我的前辈，而且每个人的见解不同，岂能全部都如我意'。于是一个字也没有改。"我看到这一段，感慨万千。经常见到有些读书人，对他人的著作吹毛求疵，以此炫耀自己的长处。假如有和别人意见不同的情况，就固执己见，百折不回。这样的习气，即使是贤明之人身上也有。看欧公的往事，能从中发现古人的忠厚始终如此啊！

简评

文章的好坏，虽然有大概的评断标准，比如主题明确、格式清晰、行文流畅等，但是绝无放之四海而皆准的条条框框。特别是每个人都有自己的行文习惯和语言风格，一定不能以自己的好恶轻易评断高下。

有的孩子思辨能力强，写出来的文章自然逻辑严密，但往往语言不够"丰润"。有的孩子情感丰富，笔下自然汪洋恣肆，但或许层次不够清晰……这都可以理解。家长指导孩子，只需要有针对性地加以提醒，帮助他们提高短板即可。对孩子的文章，尤其是文气、文风方面，不要轻易挑肥拣瘦，也不要妄言妄改。

15

怎样才是正确的学习态度？

| 原文 |

今人于旧人著作，往往好为指摘，以自夸其学问，其意盖欲求名也！不知指摘不当，转贻后人指摘之柄。似此者甚多，是求名而适以败名矣！又如注解古人之书，往往于不能解者强解之，究非古人之本意。夫子云："多闻阙疑。"奈何不以为法哉？

——张廷玉《澄怀园语》

| 译文 |

现在的人对过去人的著作，往往喜欢挑错批判，以此来夸耀自己的学问，这样做大概是为了求个好名声吧！却不知假如指摘不对，反而会给后人留下指摘自己的把柄。这样做的人很多，这是为了求取名声反而败坏名声啊！又好比注解古人的书，往往在无法解读的地方强加注解，可这终究不是古人的本意。孔子说：

"治学要多加了解，同时对不解之处保持疑问。"为什么不按圣人的话去做呢？

圣人所讲的"多闻阙疑"，有两层含义。一要"多闻"，也就是多听、多看、多读、多思，对知识深入了解。二要"阙疑"，对不了解、不明白的地方保持疑问，对反复思考仍无法厘清的问题敢于质疑，不囫囵吞枣，更不听之任之。

两者相辅相成，缺一不可。如果不"多闻"就"阙疑"，往往陷入为质疑而质疑的境地，说不到点子上，反而授人以柄，甚至被人耻笑。如果只"多闻"不"阙疑"，就会变成知识的"复读机"和"复印机"，没有见解，也不会有大的长进。

16

人生乐事，莫过于读书与游山玩水

| 原文 |

　　汝辈今皆年富力强，饱食温衣，血气未定，岂能无所嗜好？古人云，凡人欲饮酒博弈，一切嬉戏之事，必皆觅伴侣为之，独读快意书、对佳山水，可以独自怡悦。凡声色货利，一切嗜欲之事好之，有乐则必有苦，惟读书与对佳山水，止有乐而无苦。今架有藏书，离城数里有佳山水，汝曹与其狎无益之友，听无益之谈，赴无益之应酬，曷若珍重难得之岁月，纵读难得之诗书，快对难得之山水乎！

　　我视汝曹所作诗文，皆有才情、有思致、有性情，非梦梦全无所得于中者，故以此谆谆告之。欲令汝曹安分省事，则心神宁谧而无纷扰之害。寡交择友，则应酬简而精神有余。不闻非僻之言，不致陷于不义。一味谦和谨饬，则人情服而名誉日起。

　　制艺者，秀才立身之本。根本固，则人不敢轻，自宜专力攻之。余力及诗、字，亦可怡情。良时佳辰，与兄弟姊夫辈一料理山庄，抚问松竹，以成余志。是皆于汝曹有益无损、有乐无苦之事，其味聪听之义。

——张英《聪训斋语》

　　如今你们年富力强、衣食无忧，性格气质还未定型，哪能没有嗜好？古人说，想要饮酒、赌博或参与任何游戏玩乐，一定会寻找伙伴结伴而行。只有畅读诗书、欣赏山水，是可以独自享受的快乐。乐舞、美色、宝物、钱财，所有这些嗜好，有乐便有苦，只有读书和欣赏山水，只有乐没有苦。如今家中藏书万卷，城外佳山胜水，你们与其亲近那些毫无益处的狐朋狗友，听信那些毫无价值的闲言碎语，奔赴那些毫无意义的吃喝应酬，何不珍惜难得的时光，畅读难得的诗书，欣赏难得的山水啊！

　　我看你们所作的诗文，都很有才情、很有思想、很有性格，并非思想空空全是梦话，所以专门以此谆谆教导。希望你们安分守己、勿生是非，这样就能内心宁静，远离各种纷乱烦扰。交朋友要有所选择，切勿贪多。这样就能减少许多无谓的应酬，保持旺盛向上的精力。不听那些歪理邪说，就不至于陷入不仁不义的境地。始终保持谦虚平和、谨慎检点，人们自然会心悦诚服，你们的声誉也会越来越好。

　　写作八股文，是秀才的立身之本。只要把立身之本夯实了，人们自然就不敢轻视，你们应当专心致志钻研。在学有余力的情况下，可以写写诗、练练字，也可以此怡情。选择良时佳辰，和兄弟姐夫们共同打理山庄事务，一同欣赏松竹，实现我未竟的志向。这都是对你们有益无害、有乐无苦的事，你们要体悟这些道理。

　　圃翁育人，鼓励读书自不待言，"驱赶"晚辈迈出家门欣赏佳山胜水的做法更显难得。寒窗苦读学的是书本知识，游山玩水学的是实践知识，不但不相矛盾，还能相互促进。

　　何况，佳山胜水还能养心怡情。试想一下，对寒潭瀑布，听万籁巨响，俗世中的纠结、挫折、不快还会萦绕心头吗？不会。大自然的怀抱足够宽广，能让人宠辱皆忘。

　　佳山胜水还能激发灵感。雾霭弥散，可称人间仙境；群鸟啾啾，更显林中清幽。置身其中，怎能不文思泉涌；听之观之，怎能不腕下生风？

交友篇

人生以择友为第一事

01

为什么要把择友作为人生第一要事？

| 原文 |

　　人生以择友为第一事。自就塾以后有室有家，渐远父母之教，初离师保之严，此时乍得友朋，投契缔交，其言甘如兰芷，甚至父母、兄弟、妻子之言，皆不听受，惟朋友之言是信。一有匪人侧于间，德性未定，识见未纯，鲜未有不为其移者。余见此屡矣，至仕宦之子弟尤甚！一入其彀①中，迷而不悟。脱有尊长诚谕，反生嫌隙，益滋乖张。故余家训有云"保家莫如择友"，盖痛心疾首其言之也！

　　汝辈但于至戚中，观其德性谨厚、好读书者，交友两三人足矣。况内有兄弟，互相师友，亦不至岑寂。且势利言之，汝则温饱，来交者岂能皆有文章道德之切劘②？平居则有酒食之费、应酬之扰，一遇婚丧有无，则有资给称贷之事，甚至有争讼外侮，则又有关说救援之事。平昔既与之契密，临事却之，必生怨毒反唇。故余以为，宜慎之于始也。况且嬉游征逐③，耗精神而荒正业，广言谈而滋是非，

---

① 彀：音 gòu，圈套。

② 切劘：劘音 mó，切磋琢磨。

③ 征逐：朋友间互相交往过从。

种种弊端不可纪极，故特为痛切发挥之。昔人有戒："饭不嚼便咽，路不看便走，话不想便说，事不思便做。"洵为格言。予益之曰："友不择便交，气不忍便动，财不审便取，衣不慎便脱。"

——张英《聪训斋语》

| 译文 |

要把择交作为人生最重要的事。人从入塾读书到成家立业，逐渐少了父母的谆谆教导，慢慢远离了师长的严厉教诲，这时候刚刚结交了些朋友，你们意气相投，朋友的话像兰芷一样美好，甚至连父母、兄弟、妻儿的话，都听不进去，只有朋友的话可信。一旦有品行不端的人混杂其中，自己的品性尚未稳定、见识还不纯粹，很少能有人不受对方影响。这样的情况我见得多了，尤其是官宦人家子弟身上更多！一旦中了圈套，就会执迷不悟。假如父母师长训诫教导，反而容易产生隔阂，愈发滋长他的叛逆乖张。所以我家的家训说"保家莫如择友"，这是我发自肺腑的痛切之言啊！

你们只需在至亲当中，选择品性谨慎敦厚、喜好读书的两三个人，结交为朋友就足够了。况且家里还有兄弟，大家互帮互学，也不至于孤单寂寞。而且说得势利一点，你们衣食无忧，那些结交你们的人，难道都是为了交流学问道德吗？平时有酒食方面的花费，还有交往应酬的负担，一旦遇到婚丧嫁娶或者生计需要等情况，难免还会有请求资助、发生借贷之类的事情，甚至还会惹来侮辱损伤、诉讼纠纷，或者求你说情疏通、打通关节等事。平日里和对方亲密无间，遇到事情就临阵退却，一定会招致翻脸和怨恨。所以我认为，交友这件事还是谨慎开始比较好，而且朋友之间游玩宴请，耗费精力、荒废正业，说东道西、滋生是非，各种弊端数不胜数，因此我在此专门阐述清楚。过去人们常说一些应该引以为戒的事："饭不嚼便咽，路不看便走，话不想便说，事不思便做。"实在是至理名言。我再补充几点："友不择便交，气不忍便动，财不审便取，衣不慎便脱。"

简评

我们习惯把朋友和至亲两种关系区别开来。其实，至亲之间相似的家族背景、成长经历、知根知底的性格习惯，不正是朋友相交时的"最大公约数"吗？彼此之间，既能相学互长，又能亲上加亲。

除了兄弟姐妹，父母也可以做孩子的朋友。有些父母感觉很难，认为孩子也不会像对待朋友那样对待自己。究其原因，在于他们并没有真正把孩子当成自己的朋友。朋友之间是平等的，要做孩子的朋友，就要努力放下长辈的架子；朋友是善于倾听的，要做孩子的朋友，就不要在孩子敞开心扉时嘲笑和训诫；朋友是保守对方秘密的，要做孩子的朋友，就不要把孩子的小秘密到处传扬。同时，朋友是相互的，父母真正把孩子当作朋友对待了，才可能成为孩子真正的朋友。

什么样的朋友值得结交？

| 原文 |

四者①，立身行己之道，已有崖岸②，而其关键切要，则又在于择友。人生二十内外，渐远于师保之严，未跻于成人之列，此时知识大开，性情未定，父师之训不能入，即妻子之言亦不听，惟朋友之言甘如醴③而芳若兰。脱④有一淫朋匪友，阑入其侧，朝夕浸灌，鲜有不为其所移者。从前四事，遂荡然而莫可收拾矣！此予幼年时知之最切。

今亲戚中倘有此等之人，则踪迹常令疏远，不必亲密。若朋友，则直以不识其颜面、不知其姓名为善。比之毒草哑泉，更当远避。芸圃⑤有诗云："于今道上揶揄鬼，原是尊前妩媚人。"⑥盖痛乎其言之矣！择友，何以知其贤否？亦即前四件能行者为良友，不能行者为

---

① 四者：指立品、读书、养身、择友。
② 崖岸：山崖、堤岸，引申为范围之意。
③ 醴：音lǐ，甜酒、甘泉。
④ 脱：连词，表假设。
⑤ 芸圃：指张茂稷，清朝诗人，张英同乡。
⑥ 大意为"如今在路上讥讽你的人，就是过去你酒席上的贵客"，形容交友不慎。

非良友。

予暑中退休，稍有暇晷^①，遂举胸中所欲言者，笔之于此。语虽无文，然三十余年，涉履仕途多逢险阻，人情物理知之颇熟。言之较亲，后人勿以予言为迂而远于事情也。

——张英《聪训斋语》

| 译文 |

立品、读书、养身、择友这四种处世待人的道理，我已经说了一个梗概，其中最关键的一点，又在于择友。人到了二十岁上下，渐渐远离了师长的严厉教诲，却还没有真正成为成年人。此时，知识视野虽已逐渐开阔，性情却还不稳定，往往对父母师长的教诲充耳不闻，对妻儿的劝告也漠不关心，反而觉得朋友的话甘甜如酒、芳香如兰。假如有一个狐朋狗友混在身边，从早到晚灌输不良想法，很难不被影响而误入歧途。一旦这样，过去在立品、读书、养身、择友四方面的努力，就都付诸东流了！这是我年少时感受最深切的事。

如果有这样的亲戚，就离他们远远的，不要与其亲密。如果有这样的朋友，那最好是不认识，甚至不知道姓名比较好。和毒草、哑泉相比，这种人更应该远离。张茂稷有句诗："于今道上揶

---

① 暇晷：音 xiá guǐ，空闲的时日。

揄鬼，原是尊前妩媚人。"他的话多么痛切啊！选择朋友，怎么才能知道对方是否有贤德？能做到前面说的四件事，那就是值得结交的好友；如果做不到，那就是损友。

我暑期退朝在家，略有空闲，于是把心中想说的话记录在此。语言虽然没有什么文采，但是我三十多年来，宦海沉浮经历几多险阻，对人情世故了解透彻。我说得亲切随意，但后人切莫以为是脱离实际的迂腐之言。

简评

青春年少时，人的判断力远未成熟，很多人把身边的朋友当成最重要的人，对朋友的话听之、信之、遵之。假如他们结交的是良朋诤友，长此以往自然能受到带动；假如结交的是狐朋狗友，却难免受其连累。

作为父母，当然不能袖手旁观，谆谆以告必不可少，也要注意方式方法，努力在潜移默化中帮助他们不跑偏走邪。

此外，还要引导他们努力做值得信任的朋友，像圃翁说的那样，在"立品、读书、养身、择友"四方面用力：存正心，行正道；勤读书，好读书；养身体，健体魄；有节制，能克制。如此，才不会在择交方面留下遗憾。

03

怎样结交真正的朋友？

| 原文 |

人生瞀稚，不离父母，入塾则有严师傅督课，颇觉拘束。逮十六七岁时，父母渐视为成人，师傅亦渐不严惮。此时，知识初开，嬉游渐习，则必视朋友为性命，虽父母师保之训与妻孥之言，皆可不听，而朋友之言，则投若胶漆，契若芳兰。所与正则随之而正，所与邪则随之而邪。此必然之理，身验之事也。

余镌一图章，以示子弟，曰"保家莫如择友"。盖有所叹息、痛恨、惩艾于其间也。古人重朋友，而列之五伦^①，谓其志同道合，有善相勉，有过相规，有患难相救。今之朋友，止可谓相识耳、往来耳、同官同事耳、三党^②姻戚耳，朋友云乎哉？

汝等莫若就亲戚兄弟中，择其谨厚老成，可以相砥砺者，多则二人，少则一人。断无目前良友遂可得十数人之理。平时既简于应酬，有事可以请教。若不如己之人，既易于临深为高，又日闻鄙猥

---

① 五伦：古代礼教指君臣、父子、兄弟、夫妇、朋友五种伦理关系。
② 三党：指父族、母族、妻族。

之言、污贱之行、浅劣之学，不知义理，不习诗书。久久与之相化，不能却而远矣。此《论语》所以首诫^①之也。

——张英《聪训斋语》

| 译文 |

人在幼年的时候，生活中有父母管教，入学后则有严师监督考核，会感觉非常拘束。等长到十六七岁，父母渐渐把他们当成大人，他们对老师也渐渐不再畏惧。这个时候，他们视野刚刚打开，渐渐养成游戏玩乐的习气，常常把朋友看得像生命一样重要，即使是父母老师的训诫以及妻子儿女的劝告，也可以置若罔闻，但对朋友的话却言听计从。他们和朋友形影不离、如胶似漆、关系亲密、交情深厚。朋友走正道，他们就跟着走正道；朋友走邪路，他们也跟着走邪路。这是必然的道理，也是我亲身经历过的事。

我雕刻了一枚图章，用来告诫我家中的子弟们，上面刻着"保家莫如择友"。这是因为对择交这件事，我有太多感慨叹息、痛恨失望、惩前毖后的反思。古人重视朋友，把朋友列为五种基本社会关系之一，认为朋友应该是志同道合的人，是做好事时互

---

① 首诫：指《论语·学而》中"无友不如己者"一句。对其句意，古今学者有不同解读，此处圃翁解读为"不要和比不上自己的人做朋友"。

相鼓励、有错误时互相规劝、遇难事时相互帮助的人。但现在所谓的朋友，只能说是互相认识罢了，有过来往罢了，同事同僚罢了，家族姻亲罢了，哪里称得上是真正的朋友呢?

你们不如就从亲戚或者兄弟当中，选择那些谨慎厚道、老成持重的人做朋友，可以相互勉励、相互帮助，多则二人，少则一人。世上绝对没有一下子就能找到十几位好友的道理。这样做，平时能减少很多应酬，有事时又能相互请教。如果选择身份地位不如自己的人做朋友，容易养成居高临下的毛病，又难免每日听很多卑鄙猥琐的话，看很多肮脏低贱的行为，学很多粗浅低劣的知识，慢慢变得不懂事理、不读诗书。久而久之，就会与他们沆瀣一气，想要避开或远离他们都做不到。这就是《论语》在开头就提出告诫的原因。

简评

当孩子步入青少年时期，视野逐渐开阔，朋友的重要性愈发凸显。然而，选择朋友时，不能只和各方面不如自己的人交往，这样很容易陷入低水平的舒适圈，丧失进取的动力。相反，应该尝试和比自己优秀的人做朋友，哪怕这会带来压力。与强者为友，能让孩子闻听远见卓识，感受高尚品德，彼此学习成长，从而在立德立身、求学成长的路上不断进步。青少年时期是价值观形成的关键阶段，朋友的言行往往比父母和老师的教诲更能影响孩子。因此，选择志同道合、能相互鼓励和规劝的朋友，远离不良影响，才能为未来奠定坚实的基础。

04

怎样正确识人、辨人？

| 原文 |

　　圃翁曰：古人美王司徒[①]之德，曰"门无杂宾"[②]，此最有味。大约门下奔走之客，有损无益。主人以清正、高简、安静为美，于彼何利焉？可以啖之以利，可以动之以名，可以怵之以利害，则欣动[③]其主人。主人不可动，则诱其子弟，诱其僮仆：外探无稽之言，以荧惑其视听；内泄机密之语，以夸示其交游。甚且以伪为真，将无作有，以徼倖[④]其语之或验，则从中而取利焉。或居要津之位，或处权势之地，尤当远之益远也。

　　又有挟术技以游者，彼皆藉一艺以售其身。渐与仕宦相亲密，而遂以乘机遘会[⑤]，其本念决不在专售其技也。挟术以游者，往往如此。故此辈之朴讷迂钝者，犹当慎其晋接。若狡黠便佞，好生事端，

---

① 王司徒：司徒是古代官职。依文意判断，应指东汉王允。
② 门无杂宾：家中没有乱七八糟的宾客，形态交友谨慎。
③ 欣动：因欣喜而动心，引申为博取欢心。
④ 徼倖：同"侥幸"。
⑤ 遘会：攀附迎合。

踪迹诡秘者，以不识其人、不知其姓名为善。勿曰："我持正，彼安能惑我？我明察，彼不能蔽我！"恐久之自堕其术中而不能出也。

| 译文 |

圃翁说，古人称誉王司徒的美德，说他"门无杂宾"，这一评价最有意味。大概是说，在门下奔走效力的宾客，对主人都是有害无益的。如果主人以清白正直、高洁简约、安宁平静为美德，那对于宾客来说还有什么利益可图呢？用利益引诱主人，用名声打动主人，用利害恐吓主人，他们就是用这些方法来博取主人欢心的。如果主人不为所动，就去引诱他的子女和仆佣：在外面探听一些无稽之谈，迷惑他们的视听；在里面则私下泄露一些隐秘话语，向他们夸耀自己交友广泛。甚至还会以假充真、无中生有，如果他的话偶尔侥幸应验，就可以从中得利。对于那些身处要职或高居权位的人来说，尤其应该离宾客越远越好。

还有一些身怀技艺的游说者，他们都是凭借一技之长来推销自己。等与一些官宦渐渐熟悉亲密，他们就会乘机攀附迎合，本意绝不是仅仅展示自己的技艺那么简单。身怀技艺的游说者，往往如此。所以这些人中，即使是老实巴交、朴实木讷的人，也应该谨慎接触。如果是诡诈多变、阿谀奉承、好生事端、行踪诡秘的人，还是不要结识、不知姓名为好。千万不要说："我行为端正，他们怎么能迷惑我？我明察秋毫，他们不可能蒙蔽我！"只怕时间久了，就会落入他们的圈套无法摆脱。

简评

总有一些人环绕你的周围，说着你爱听的话，做着你中意的事，让你时刻如沐春风，常常感叹："此知我者也！"而实际身边何人，心中何意，又有几人真正想得明白？

识人认人是终身要练习的功课，做父母更要目光如炬，在孩子心智不够成熟的时候为其指点迷津，让他们少走弯路。先贤所谓"门无杂宾"，并非反对结交朋友，而是重在提醒我们要远离各路心思不正、心怀不轨的人。我们要常常以此警醒自己，也教育孩子，无论面对何人，心中总要有一面明镜，照得见自己的初心和期望，照得出世人的善恶与所图。

此事虽难，但路虽远行则将至，常怀警醒之心，一定能减少很多祸患。

修身篇

人生必厚重沉静，而后为载福之器

01

给孩子的人生指南

| 原文 |

座右箴：

立品、读书、养身、择友——右四纲

戒嬉戏、慎威仪、谨言语，温经书、精举业、学楷字，谨起居、慎寒暑、节用度，谢酬应、省宴集、寡交游——右十二目

——张英《聪训斋语》

| 译文 |

座右铭：

涵养品德、认真读书、修养身心、选择交友——以上是"四纲"。

戒绝嬉戏、仪表严整、谨言慎行，温习经书、专心科考、苦练楷书，规律作息、注意天气、节约用度，谢绝应酬、少约饭局、减少交往——以上是"十二目"。

　　圃翁的教育思想，集中体现在他为后辈拟定的这副座右铭里。四纲十二目四十四个字，是圃翁人生经验的总结，也是他针对儿孙情况提出的有针对性的行为指南。他的每一篇教子文章，都是围绕其中一点或几点内容展开。

　　我们教育晚辈，或许也应该效法圃翁，即使不去整理成文的座右铭，也要在内心明确教育的方向和纲目，在晚辈的学习生活中时时提点。这些座右铭可以包含自己的人生经验，更重要的是要针对晚辈的情况因材施教。

　　当然，身教胜于言传，通过座右铭形式提醒孩子行有所止是一方面，以身垂范才是更重要的事。

02

人生四大立身之本：
品德、学问、健康、节俭

| 原文 |

思尽人子之责，报父祖之恩，致乡里之誉，贻后人之泽，惟有四事：一曰立品，二曰读书，三曰养身，四曰俭用。世家子弟原是贵重，更得精金美玉之品。言思可道，行思可法，不骄盈，不诈伪，不刻薄，不轻佻，则人之钦重较三公而更贵。

予不及见祖父赠光禄公恂所府君[①]，每闻乡人言其厚德，邑人仰之如祥麟威凤。方伯公[②]己酉登科，邑人荣之，赠以联曰："张不张威，愿秉文文名天下。盛有盛德，期可藩藩屏王家。"[③]至今桑梓以为美谈。父亲赠光禄公拙庵府君，予逮事三十年，生平无疾言遽色，

① 赠光禄公恂所府君：封赠制是封建朝廷给予官员本人或其直系亲属褒奖的制度，褒奖生者称"封"，褒奖死者称"赠"。张英成为大学士后，祖父张士维（字立甫，号恂所）、父亲张秉彝（字孩之，号拙庵）均被追赠光禄大夫。府君，是子孙对逝者尊称。
② 方伯公：指张秉文，张英大伯，明崇祯年间任山东布政使。方伯，原意为一方诸侯之长，后泛指一地最高行政官员。明清之际，各省布政使一般被称为方伯。
③ 这副对联对仗工整，内嵌张秉文和盛可藩名字，二人均为桐乡人，先后中进士，有美名。

居身节俭，待人宽厚，为介弟①未尝以一事一言干谒州县，生平未尝呈送②一人，见乡里煦煦以和，所行隐德甚多，从不向人索逋欠，以故三世皆祀于乡贤。请主入庙之日，里人莫不欣喜，道盛德之报，是亦何负于人哉？予行年六十有一，生平未尝送一人于捕厅③令其呵谴之，更勿言笞责。愿吾子孙终守此戒，勿犯也。

——张英《聪训斋语》

译文

　　想要尽到为人子女的责任，回报祖辈的恩情，获得乡邻的赞誉，留给后代福泽，就要做到以下四点：一是涵养品德，二是努力读书，三是修养身心，四是节俭用度。世家子弟本就身份贵重，更需要涵养纯正温良的品格。说话要思考是否符合道义，做事要思考是否符合法度，不骄傲自满，不狡诈虚伪，不刻薄寡恩，不轻佻浮夸，这样就会获得人们的敬重，甚至比高官显贵获得的敬重还要多。

　　我没有见过我的祖父恂所先生，但每次听家乡人说起，都评价他德行深厚，乡人们敬仰他就像敬仰麒麟凤凰一样。伯父秉文

---

① 介弟：对他人之弟的敬称，此处指在家中为弟。
② 呈送：上送，此处应为呈送归案之意。
③ 捕厅：指称州、县官署的辅佐官，如县丞、典史等，多负责缉捕盗匪。

先生己酉年科考及第，家乡人引以为荣，赠给他一副对联："张不张威，愿秉文文名天下。盛有盛德，期可藩藩屏王家。"这件事至今在家乡传为美谈。我的父亲拙庵先生，我侍奉他已有三十年了，他平生从不疾言厉色，居家节俭，待人宽厚，在家中做弟弟，从来没有因为一件事或一句话而去打扰过做州县官员的哥哥，也从来不曾扭送一个人到官衙治罪。见到乡人从来都是和颜悦色，做过很多不被人知晓的好事，从来没和人催讨过钱粮，因此我们家三代祖先都被乡贤祠奉祀。家中祖先的神主牌位被迎入乡贤祠奉祀的那一天，乡人没有一个不高兴的，都说这是上天对大德之人的回报，上天怎么会辜负这样的人呢？我今年六十一岁，一生不曾扭送一人到官衙让他们受斥责，更不用说使人受刑罚了。希望我的子孙终身信守这些戒律，不要触犯。

简评

　　囿翁谆谆教导子孙的，不但有立身立品这些大事，还有言行举止这些生活细节，其中专门提及注意言辞口气，不要催逼讨债等等，提醒孩子与人为善、宽厚待人。

　　有时候，个体能力越强的孩子，反而越容易因为过于自我而忽略别人的感受。这个时候，就需要父母适时点拨提醒。因此，我们在关注孩子学业、德业进步的同时，也要提醒孩子从小积累与人相处的经验，遇事多做换位思考，注意谨言慎行，做到心中有敬畏，做事有分寸。

03

父母是孩子最好的老师

| 原文 |

大臣率属之道，非但以我约束人，正须以人约束我。我有私意，人即从而效之，又加甚焉。如我方欲饮茶，则下属即欲饮酒；我方欲饮酒，则下属即欲肆筵设席矣。惟有公正自矢，方不为下人所窥。一为所窥，则下僚无所忌惮，尚望其遵我法度哉？

——张廷玉《澄怀园语》

| 译文 |

大臣统率下属，不但要对下属的言行加以约束，也要以下属约束自己的言行。我有私心杂念，他们就会跟随我、仿效我，甚至变本加厉。比如我要饮茶，下属就会打算喝酒；我打算喝酒，下属就会打算大摆筵席。只有公正公平，保持定力，才不会被下属窥探仿效。一旦被下属察觉到言行的疏漏，他们就会肆无忌惮，还能指望他们遵守我的规章制度吗？

　　"欲正人，先正己"是很浅显的道理，做到却不容易。自己做不到的事情，却去要求别人，别人纵使不言语，内心也一定不以为然。

　　父母希望孩子言行有度，要从以身作则开始；想要获得孩子的信任和尊敬，要从躬身垂范开始。父母是孩子最好的老师，孩子是父母最好的镜子。为人父母最忌讳以成人的视角俯视孩子，以长辈的身份压制孩子。只有"先正己"，才能让孩子信服，才能真正树立父母的权威。

04

守护内心的美好与善良

凡人得一爱重之物，必思置之善地以保护之。至于心，乃吾身之至宝也。一念善，是即置之安处矣；一念恶，是即置之危地矣。奈何以吾身之至宝使之舍安而就危乎？亦弗思之甚矣！

一语而干天地之和，一事而折生平之福，当时时留心体察，不可于细微处忽之。

——张廷玉《澄怀园语》

| 译文 |

大凡人们得到一件喜欢在意的东西，一定会想着好好放置保护。至于内心，是我们身上最宝贵的部分。人产生一个善念，就是把内心放置在安全之处；产生一个恶念，就是把内心置于危险境地。为什么要把身体最宝贵的部分置于危险境地而不妥善保管

呢？这是没有认真思考啊！

一句话不合体就可能冲犯天地和顺之气，一件事不妥当就可能折损人生福气，一定要时刻留心注意，不可在细微处大意。

这一篇是文和公《澄怀园语》的开篇点题之作，也是展现他教子思想的开宗明义之说。

所谓教子，无非是希望孩子德业双修，也就是内心向善向上、做事勤勉有成。至于如何做，文和公的回答简明扼要：常存善念，"勿以善小而不为"；谨言慎行，不要在一言一行上失分。

时代变了，但是父母希望孩子涵养品德、学业进步的要求不会变。文和公的观念并不过时，反而可以给我们许多启迪和指导。

中庸处世，圆融做人

| 原文 |

　　君子可欺以其方。[①] 若终身不被人欺，此必无之事。倘自谓"人不能欺我"，此至愚之见，即受欺之本也。

　　天下有学问、有识见、有福泽之人，未有不静者。

　　天下矜才使气之人，一遇挫折，倍觉人所难堪。细思之，未必非福。

　　凡人好为翻案之论、好为翻案之文，是其胸襟褊浅处，即其学问偏僻处。孔子曰："中庸不可能也。"[②] 请看一部《论语》，何曾有一句新奇之说？

——张廷玉《澄怀园语》

----

① 语出《孟子·万章上》，意为君子因为正直而容易被人欺骗。
② 语出《中庸》，意为中庸之道难以达到。所谓中庸，可理解为"不偏不倚、无过不及"，是一种待人接物保持中正平和的方式，是儒家重要的伦理道德准则。

君子因正直而易被人欺骗。一生不被人欺骗，是绝无可能的事。自称"别人一定没法欺骗我"，这样的想法愚蠢至极，也是被人欺骗的根本原因。

天下那些真正有学问、有见识、有福气的人，无一不是内心宁静的。

天下那些依仗才能意气用事的人，一旦遇到挫折，就会比普通人更加难受。细想一下，这些挫折对他们未必不是好事。

大凡有人喜欢推翻前人观点，写作标新立异的文章，都是他心胸狭窄的表现，也是学问偏颇的表现。孔子说："中庸之道难以达到。"请看一整部《论语》，可有一句新奇偏激的话语？

简评

科学巨擘牛顿曾经说过："我之所以比别人看得远些，是因为我站在了巨人的肩膀上。"这句话当然有自谦的成分，但也说明，即使是牛顿这样天才式的伟大科学家，也离不开前人的积累。

世界上的事大抵如此，都需要先了解，再吸收，再钻研，才有可能取得突破，进而获得属于自己的成果。做学问，不能不知所以就开始指摘和质疑，世上也没有略知皮毛就可以产生闳言高论的人物。我们鼓励质疑，不是鼓励反对一切。只有真正了解熟悉了现有的知识，才有可能提出有价值的质疑。

06

做个心胸宽广的人

| 原文 |

凡人度量广大，不妒忌，不猜疑，乃己身享福之相，于人无所损益也。纵生性不能如此，亦当勉强而行之。彼幸灾乐祸之人，不过自成其薄福之相耳，于人又何损乎？不可不发深省。

——张廷玉《澄怀园语》

| 译文 |

大凡一个人有胸怀有度量，不嫉妒别人，不猜疑别人，这就是他有福气的表现，这只关乎他个人的修养，对他人来说谈不上好与坏。纵使一个人生性做不到这样，也要尽力而为。那些喜欢幸灾乐祸的人，不过是慢慢把自己变成少福的样子，对别人又有什么损害呢？这一点不能不深刻省察。

在孩子成长的过程中，培养他们的同情心相对容易，毕竟人天性中就有对弱者的同情，但培养他们的同理心很难。客观上，每个人身处的环境不同，人很难真正地换位思考。主观上，人天性里多多少少有幸灾乐祸的心态，这是人性的弱点。

怎么扫除内心的阴暗？文和公教育孩子，就从"勉强而行之"开始，就从每一次尽力而为开始。别人遭遇不如意，不妨以己代入想一想，主人公是自己，自己的心情如何，自己的对策如何？想凑热闹，想看别人笑话，不妨想一想，我处在困境，对面有人嗔怪，有人嗤笑，自己作何感想，如何看待对方？扪心自问，此情此景，自己不过贪图一乐，却给别人带去烦恼，自己也被别人内心鄙视，自己的乐还有什么意义？

做人要每日"三省吾身"，遇事要这样"扪心三问"，久而久之，换位思考的能力就强了，大写的"人"字也就愈发端正了。

独自就寝，按时作息

| 原文 |

读书人独宿是第一义，试自己省察。馆中独宿时，漏下二鼓①灭烛就枕。待日出早起，梦境清明，神酣气畅。以之读书则有益，以之作文必不潦草枯涩。真所谓一日胜两日也！

——张英《聪训斋语》

| 译文 |

对读书人来说，独自就寝是最重要的，你们试着反省检查自己。在房中独自就寝，二鼓天就灭烛休息。等日出早起时，头脑清醒，神清气爽。这时候读书会大有收获，作文一定不会潦草干涩。真可以说是一日胜过两日啊！

———————————

① 二鼓：指二更，现今21至23时。

　　年轻人往往被夜晚的灯红酒绿所吸引，沉迷于觥筹交错、酒酣耳热的感觉，"今朝有酒今朝醉，明日愁来明日愁"。长此以往，朝气耗尽，进取心渐失，人生美好年华也就转瞬即逝了。

　　古代的先贤都特别强调"独宿"，这是很有道理的。独处利于读书，安静可以思考。长期坚持，不但养身养心，更能多出很多时间，用以钻研学业、精进主业，收益无穷大也。

08

英华光气，磨炼始出

　　人人各有一种英华光气，但须磨炼始出。譬如一草一卉，苟深培厚壅，尽其分量，其花亦有可观，而况于人乎？况于俊特之人乎？

　　天下有形之物，用则易匮。惟人之才思气力，不用则日减，用则日增。但做出自己声光。如树将发花时，神壮气溢，觉与平时不同，则自然之机候也。

——张英《聪训斋语》

| 译文 |

　　每个人都有自己特别的气质和风采，但需要磨砺才能显现。好比一株花卉，如果尽心尽力地培土施肥，做足培育功夫，那将来它一定能鲜花盛开。培育花卉尚须如此功夫，何况是培养人呢，何况是培养杰出的人呢？

天下有形的事物，频繁使用就会有损耗。只有人的才思和才气，不用就会日益减少，用起来反而越用越多。只需努力绽放自己的光彩，自有收获的时机。好比树木将要开花时，一定生机勃勃、神气四溢，人们能感觉它们与平时完全不同，这就是因为树木到了生长开花的适宜时机了啊！

简评

不论每个人的"英华光气"展现在哪些方面，要想有所成就，都少不了勤学苦练。青少年时代是人一生体力和精力都最好的时期，正是需要像海绵一样吸收知识、增长见识的阶段。我们虽不提倡废寝忘食、秉烛达旦，但是勤学好问、力学笃行还是需要的，毕竟"宝剑锋从磨砺出，梅花香自苦寒来"。人的才思，是越用越多的。

09

节俭朴素的生活最自在

| 原文 |

圃翁曰：予于归田之后，誓不著^①缎，不食人参。夫古人至贵，犹服三浣之衣。缎之为物，不可洗，不可染，而其价六七倍于湖州绉绸与丝绸。佳者三四钱^②一尺，比于一匹布之价。初时华丽可观，一沾灰油，便色改而不可浣洗。况予素性疏忽，于衣服不能整齐，最不爱华丽之服。归田后，惟著绒、褐、山茧、文布^③、湖绸，期于适体养性。冬则羔裘，夏则蕉葛^④，一切珍裘细縠^⑤，悉屏弃之，不使外物妨吾坐起也。

老年奔走应事务，日服人参一二钱。细思吾乡米价，一石^⑥不过四钱，今日服参，价如之或倍之，是一人而兼百余人糊口之具。忍，孰甚焉？侈，孰甚焉？夫药性原以治病，不得已而取效于旦夕，用

---

① 著：音 zhuó，同"着"，穿着。
② 钱：重量单位，十钱为一两，十两为一斤。
③ 绒、褐、山茧、文布：泛指中下层民众所穿普通织物。
④ 蕉葛：指用蕉葛纤维织造的粗布。
⑤ 细縠：縠音 hú，指有褶皱的细纱纺织品。
⑥ 石：音 dàn，古代计量单位，十斗为一石。

是补续血气，乃竟以为日用寻常之物，可乎哉？无论物力不及，即及亦不当为，予故深以为戒。倘得邀恩遂初，此二事断然不渝吾言也。

——张英《聪训斋语》

| 译文 |

圆翁说，等我辞官归乡之后，将发誓不穿绸缎，不吃人参。再显贵的古人，也会穿洗过多次的衣服。缎子这种东西，不能洗，不能染，价格却是一般湖州粗绸和丝绸的六七倍。好的缎子三四钱银子一尺，和一匹布的价格差不多。它们刚开始华丽好看，一旦沾染上灰尘油渍，就会变色且无法洗涤。况且我平素粗心大意，不讲究着装，最不喜欢华丽的衣服。将来辞官归乡之后，就只穿普通织物或湖州粗绸做的衣服，希望能使身体舒适，涵养性情。冬天就穿羊皮袄，夏天就穿蕉葛衣，所有珍贵的皮毛和丝织物，一概摒弃不用，不让这些身外之物妨碍自己的行动。

因为年老又整日奔走处理事务，所以我每天服用一至二钱的人参。仔细想来，家乡一石米的价格也不过四钱银子，现在我每天服用人参，花费就和一石米差不多甚至还要加倍。我一个人服用人参的花费，足够百余人生活所需。如果这都能被容忍，还有不能被容忍的事情吗？如果这都不算奢侈，还有比这更奢侈的事情吗？人参有药性，原本是为了治病，不得已的时候，可以短时拿来应急，用它补充气血，现在竟然把它当成是寻常使用的东西，可以这样做吗？且不说财力是否足够，就算是负担得起，也不应该这样做，所以我深以为戒。假如能够获得圣上恩准辞官归乡，对这两件事，我一定不会改变我说过的话。

简评

　　"不求最好，但求最贵"之说，听来莞尔，实则是不少人内心深处隐秘的真实想法。心中空空无物，便容易讲求饮食用度。内心强大而有追求，就不会把过多精力浪费在吃穿住用上。

　　都说"由俭入奢易，由奢入俭难"，圊翁告诫晚辈，不要将富贵荣华当作理所应当，不要过度追求物质享受。正是因为他一而再再而三的告诫，他的儿孙虽身处富贵却绝无纨绔习气，个个都成长为有用之才。不得不说，圊翁的言传身教起到了决定性的作用。

10

人生不应为外物所累

| 原文 |

　　余侍从西郊，蒙世宗皇帝赐居戚畹旧园。庭宇华敞，景物秀丽，京师所未有也。寝处其中十余年矣，而器具不备，所有者皆粗重朴野，聊以充数而已。王公及友朋辈多以俭啬相讥嘲。余曰："非俭啬也，叨蒙先帝屡赐内帑多金，办此颇有余赀。但我意以为，人生之乐，莫如自适其适①。以我室中所有之物而我用之，是我用物也；若必购致拣择而后用之，是我为物所用也。我为物用，其苦如何？陶渊明之不肯'以心为形役'②者，即此义。况读书一生，身膺重任，于学问、政事所当留心讲究者，时以苟且、草率、多所亏缺为惧，又何暇于服饰器用间，劳吾神智以为观美哉？"

——张廷玉《澄怀园语》

---

① 自适其适：语出《庄子·外篇·骈拇》，"适人之适，而不自适其适者也"。指寻求适合自己的闲适生活，并从中领略闲适的乐趣。

② 以心为形役：让心神为形体所役使。通常指一个人虽然内心不愿意，但为了生存或其他外在因素，不得不违背自己的意愿去做事。

　　我在西郊侍奉雍正皇帝，承蒙皇帝赏赐一座王公贵族的旧园子作居所。房屋宽绰敞亮，景色秀美可人，京城里没有这样的园子。我居住其间十余年，各类器具却并不完备，用的都是些粗重质朴的东西，姑且充数而已。王公贵族和亲朋好友多嘲笑我俭省吝啬。我说："不是我俭省吝啬啊，承蒙先帝多次赏赐宫内府库的资财，置办些家用器具还是绰绰有余的。但我心中认为，人生的快乐，没有什么能比得上'自适其适'。家中的器具能为我所用，就是我在支配它们；如果非要我去购买选择器具，那就是它们在支配我了。我被外物所支配，得有多么痛苦啊？陶渊明在辞赋里写的不愿'以心为形役'，就是这个意思。况且我读书一生，身担重任，对于学问、政务这些应当留心研究的事情，还时常因为敷衍、草率、处理不周而惴惴不安，哪有时间用在考虑服饰、器具上，为它们表面的美观去费心劳神呢？"

　　古往今来的读书人，志向大抵都和文和公一样，是"为天地立心，为生民立命，为往圣继绝学，为万世开太平"。他们大多在少年时期就树立了这样的崇高志向，然后一生孜孜以求，公而忘私、国而忘家。

　　在孩子价值观形成的过程中，教育他们立大志、立远志、立长志，对他们一生的成长非常重要。我们要指引孩子志存高远。人生的目标不一定伟大，但要努力崇高。立志时就将自己的未来与名、利、财、权绑定，很容易走错路、走歪路。也要告诉他们，志向是长久的目标，不是当下的任务，不必计较一时的成败，只要顺着目标的方向久久为功，一定能到达理想的彼岸。还要常常提醒孩子，"无志之人常立志，有志之人立长志"，志向是前行的指引，切不可朝三暮四，目标换来换去，很可能一事无成。

11

学会拒绝别人，就是善待自己

| 原文 |

人以必不可行之事来求我，我直指其不可而谢绝之，彼必怫然不乐。然早断其妄念，亦一大阴德也。若犹豫含糊，使彼妄生觊觎，或更以此得罪，此最造孽。

——张廷玉《澄怀园语》

| 译文 |

当有人向我提出不切实际或根本无法实现的要求时，我会毫不犹豫地给予明确而坚定的拒绝。虽然这可能会让对方感到不快，但早早让他放下那些不切实际的念头，其实是在无形中为他做了一件真正有益的事。相反，如果我犹豫不决，让他心存不该有的期望，最终希望落空时，他或许会更加怨恨我，那才是真正糟糕的局面。

  中国人最讲究"情面",害怕被人拒绝,因而也特别害怕拒绝别人。待人接物婉转礼貌有余,是非观念不足。自己如此,教育孩子也是如此。

  文和公出身世家,宦海沉浮几十年,却反对做"老好人"。他要求子孙遇到不合理的要求一定要敢于拒绝。理由非常简单:一时心软可能会带来更大隐患,小处不严难免会招引灾祸。类似的情况很多人都曾遇到过,却没有多少人能有他一样的清醒和坚定。

  先贤已经做了榜样,我们不妨试着改变,勇敢拒绝不合理的要求。如此,不但自己可以少许多烦扰,实则也是对他人真正的负责。

12

谦让是一种人生智慧

| 原文 |

古人有言："终身让路，不失尺寸。"老氏以"让"为宝。左氏曰："让，德之主也！"处里闬①之间，信世俗之言，不过曰"渐不可长"，不过曰"后将更甚"，是大不然！人孰无天理良心，是非公道？揆之天道，有满损虚益之义。揆之鬼神，有亏盈福谦之理。自古只闻忍与让足以消无穷之灾悔，未闻忍与让翻②以酿后来之祸患也。

欲行忍让之道，先须从小事做起。余曾署③刑部事五十日，见天下大讼大狱，多从极小事起。君子敬小慎微，凡事只从小处了。余行年五十余，生平未尝多受小人之侮，只有一善策，能转湾④早耳。每思天下事，受得小气，则不至于受大气；吃得小亏，则不至于吃大亏。此生平得力之处。

---

① 里闬：闬音 hàn，里巷的门，代指乡里。
② 翻：反而。
③ 署：署理，代理任职。
④ 湾：通"弯"。

凡事最不可想占便宜。子曰："放于利而行，多怨。"① 便宜者，天下人之所共争也。我一人据之，则怨萃于我矣！我失便宜，则众怨消矣。故终身失便宜，乃终身得便宜也。

——张英《聪训斋语》

| 译文 |

　　古人曾经说过："终身让路，不失尺寸。"老子把"让"视若珍宝。左丘明说："让，德之主也！"然而对于平凡百姓来说，会听信一些世俗的言论，不过是说："忍让会让事情越来越糟"，"一味忍让，以后对方会变本加厉"，其实事情完全不是这样啊！人怎么能不讲天理良心，是非公道呢？从天道来看，世上有"满招损，谦受益"的现象。从鬼神学说来看，世上有"折损盈满者，造福谦让者"的说法。自古以来，只听说忍让可以消除无尽灾难遗憾，没听说忍让反而会招引祸患。

　　想要践行忍让之道，须先从小事做起。我曾经代管五十天刑部事务，见到那些重大诉讼和刑狱，多是由极小的事情引发。君子要谨小慎微，凡事都大事化小处理。我已经五十多岁了，生平没有受过多少小人侮辱。只有一个好办法，就是能够及时做好思

---

① 语出《论语·里仁》，大意为"依照利益大小行事，容易招惹怨恨"。放音 fǎng，通"仿"，依照。

想变通。我常常想，天下的事，能受得了小气，就不至于受大气；吃得了小亏，就不至于吃大亏。这是我这一辈子受益最多的一点。

做任何事情都不应该想着占便宜。孔子说："放于利而行，多怨。"有好处的事，是天下人都要争抢的东西。如果我一个人占了，那怨恨都会集中在我身上啊！如果我失去了有好处的事，那众人的怨气自然也就消了。所以，终身不占便宜，实际上就是终身占了便宜啊！

简评

现代教育往往鼓励人"争"。很多人热衷于争名夺利，渴望处处领先。很少有人提倡和践行"让"。很多人把"让"当作不思进取，当作畏葸不前。

殊不知，"让"既是中华民族的传统美德，也是为人处世的大智慧。孔圣人把"让"与"温、良、恭、俭"相提并论，作为五种美德之一，成为读书人终身孜孜以求的修身目标。人们常说的"受小气不受大气，吃小亏不吃大亏"，同样充满了哲学智慧，发人深省。

更勿论，许许多多的龃龉、误解都由"争"而引发，甚至引出不少赔上身家性命的祸患。与之相比，让一让不是更显人生智慧吗？

13

为何生活优裕反而更应该谦让？

| 原文 |

以世俗论，富贵家子弟，理不当为人所侮，稍有拂意，便自谓：
"我何如人，而彼敢如是以加我？"从傍人亦不知义理，用一二言挑
逗之，遂尔气填胸臆，奋不顾身，全不思富贵者众射之的也，群妒
之媒也。谚曰："一家温饱，千家怨忿。"惟当抚躬自返：我所得于
天者已多，彼同生天壤，或系亲戚，或同里闬，而失意如此，我不
让彼，而彼顾肯让我乎？尝持此心，深明此理，自然心平气和。即
有拂意之事、逆耳之言，如浮云行空，与吾无涉。姚端恪公[1]有言：
"此乃成就我福德相。"愈加恭谨以逊谢之，则横逆之来盖亦少矣。
愿以此为热火世界一帖清凉散[2]也。

——张英《聪训斋语》

---

[1] 端恪公：指姚文然，安徽桐城人，曾任刑部尚书，谥号"端恪"。
[2] 清凉散：清热解毒的中药方剂。

译文

以世俗的观点来说，富家子弟按理不应被人欺负，因而稍有不如意，便会对自己说："我是什么人，他们竟然敢这样对我？"如果身边的人也不懂事理，用一两句话挑唆，他就会热血上头，奋不顾身，完全不去想富贵之人本来就是众矢之的，大家嫉妒的焦点。谚语说："一家人吃饱穿暖，千家人眼红怨愤。"一定要反躬自省：我们仰赖上天所得甚多，他们与我们同生天地间，或是亲戚，或是乡邻，却如此失意，我们不谦让他，难道还要他来谦让我们吗？时常抱持这样的想法，深刻体察这样的道理，自然就会心平气和。即使稍有些不如意的事情、不爱听的话语，也只当是浮云掠过，与自己无关。姚文然先生说过："这样想这样做才是成就福分和彰显德行的样子。"一定要更加恭谨谦虚，这样就会少很多飞来横祸。希望我的话能成为这个纷扰世界里的一服清凉药。

简评

很多人听不得"以德报怨"，总觉得过于憋屈，教育孩子遇到欺负务必还回去。然而很多时候，以牙还牙不仅无助于消解恩怨，还可能带来更多伤害。试着让一步未必就是坏事，对价值观正在形成的少年更是这样。无论家庭背景如何，都应引导孩子理解他人的处境，学会谦让与换位思考。如果家境好的孩子不懂得保持谦让，不懂得同理他人，反而更容易招致不必要的麻烦和冲突。

14

知错就改，从善如流

　　象山先生①曰："学者不长进，只是好己胜，出一言，做一事，便道全是，岂有此理！古人惟贵知过则改，见善则迁。今各执己是，被人点破便愕然，所以不如古人。"先生此言乃天下学者之通病。若能不蹈此病，则其天资识量过人远矣！倘见此而能省察悔悟，将来亦必有所成就。

——张廷玉《澄怀园语》

　　陆九渊先生说："做学问的人不思进取，只知道争强好胜，说一句话，做一件事，便认为自己全是对的，天下哪有这样的道

---

① 象山先生：指陆九渊，南宋理学家。

理！古人很看重知错就改，从善如流。现在的人各执己见，被人点破就会很惊讶，这样看来现在的人不如古人。"先生这句话，说的是天下学者身上的通病。如果能戒除这个毛病，说明他的天资和度量远胜常人。假如看到这些话能够反躬自省、幡然悔悟，将来一定能够有所成就。

简评

　　凡事固执己见，其实是不自信的表现。为什么害怕被人指出错误呢？归根结底是害怕暴露自己学识之短、见识之浅。只是，固执己见能掩饰自己的不足吗？按下葫芦浮起瓢，拼命掩饰的错误，往往会被人一眼看穿，挽回不了颜面，却暴露了自己狭隘的心胸，反而适得其反。

　　不要害怕被人指出不足，这恰好是改进和提升自己的契机，把不会的问题学会，把不好的答案优化，进而举一反三，学业自会日益精进。下一次，还有人再来指错吗？还需要担心被人轻视吗？

15

远离嫉妒，忠厚仁慈

| 原文 |

"入宫见妒""入门见嫉"①，犹云同居共事则猜忌易生也。至于与我不相干涉之人，闻其有如意之事，而中心怅怅；闻有不如意之事，而喜谈乐道之。此皆忌心为之也。余观天下之人坐此病者甚多，时时省察防闲，恐蹈此薄福之相。惟我俩先人忠厚仁慈出于天性，每闻人忧戚患难之事，即愀然不快于心，只此一念，便为人情之所难，而贻子孙之福于无穷矣。

——张廷玉《澄怀园语》

| 译文 |

"入宫见妒""入门见嫉"这些话，好比是在说，人与人共事

---

① 语出《史记·鲁仲连邹阳列传》"故女无美恶，入宫见妒；士无贤不肖，入朝见嫉"一句，大意为不论美丑贤愚，人都会遭受别人的嫉妒。

容易相互猜忌。对那些与我无关的人，听说他们有如意美事，心里就失意不快；听说他们有不如意的事情，就喜欢说长道短。这都是人的嫉妒心在作怪。我看天下犯这个毛病的人很多，因而常常警醒防范，唯恐误入这种让人福德浅薄的歧途。我的父母天性忠厚仁慈，每当听说有人忧愁烦恼、深陷困境，就会闷闷不乐。只此恻隐之心，便难能可贵，还会给子孙带来无穷的福报。

简评

　　对待弱者，即使做不到感同身受，也要常怀恻隐之心，力所能及施予帮助。对待强者，即使做不到见贤思齐，也要摒弃嫉心妒火，心平气和地面对别人的成功。许多父母会提醒孩子怜悯弱者，却往往忽视了教会孩子正确看待别人的优秀。

　　要让孩子明白，尺有所短寸有所长，每个人都有自己的优点和长处。再者，别人优秀并不会妨碍自己优秀；承认别人的优秀，本身就是一种优秀。最后，还要告诉他们，学习别人的优秀，弥补自己的不足，自己也会越来越优秀。

　　人的成长，培养健康向上的心态非常重要。伟人曾经说过"风物长宜放眼量"。眼光放长远一点，心胸变广阔一点，人的舞台就会更宽广一点。

16

顺境不骄，逆境不馁

| 原文 |

处顺境则退一步想，处逆境则进一步想，最是妙诀。余每当事务丛集、繁冗难耐时，辄自解曰："事更有繁于此者，此犹未足为繁也。"则心平而事亦就理。即祁寒溽暑，皆作如是想，而畏冷畏热之念不觉潜消。

——张廷玉《澄怀园语》

| 译文 |

身处顺境要居安思危，有后退一步的打算；身处逆境也不要过分悲观，时刻做好前进一步的准备，这是处事的诀窍。我每当事务堆积、烦琐难耐时，就自我开解："还有比现在这些事更繁杂的事情，这些算不了什么。"这样想，心态就会平静，事情也就逐渐理顺了。哪怕是对严寒酷暑，我也这样去想，怕冷怕热的想法也就不知不觉消失了。

　　"叹人生，不如意事，十常八九。"这个时候，学会开解自己就非常重要。长时间沉溺于负面情绪，不但难以摆脱，影响正常生活，甚至可能"传染"给身边人。但是，人不要害怕背后的阴影，因为前面就是阳光。即使外物难以改变，适当转换视角，你的心态可也能完全不同。

　　有一段话特别好，"你不能改变容颜，但你可以展现笑脸。你不能左右天气，但你可以改变心情。你不能预知明天，但你可以把握今天。你不能样样顺利，但你可以事事尽力。你不能决定生命的长度，但你可以拓展生命的宽度"。难道不是吗？

17

与其高谈阔论，不如谨言慎行

| 原文 |

大聪明人当困心衡虑之后，自然识见倍增，谨之又谨，慎之又慎。与其于放言高论中求乐境，何如于谨言慎行中求乐境耶？

——张廷玉《澄怀园语》

| 译文 |

富有人生智慧的人，经历过心意困苦、满心忧虑之后，眼界见识自然会有长足进步，为人处世也会愈加小心谨慎。与其在高谈阔论中追求快乐，不如在谨言慎行中追求快乐呀！

简评

田野里的小麦，麦穗空瘪的时候，总是麦秆笔挺，麦芒直刺天空。等它们经历寒暑，经受风雨洗礼，身段才开始变得柔软。最后麦穗饱满了，却反而变成了低头谦逊的模样。

人的一生也是这样，万事懵懂的时候总是心比天高，对人对事不知敬畏，只有经历"困心衡虑"的磨炼之后，人才学会低头，才能真正长大。

这是孩子成长必定会经历的蜕变。聪明的父母教导孩子，不必担忧坎坷磨砺。只要能在关键节点，适时指导点拨，孩子就一定能经受成长路上的各种考验。随着年龄长大，他们也会越发成熟。

18

做个温润如玉的谦谦君子

原文

古人佩玉，朝夕不离，义取温润坚栗。君子无故不撤琴瑟，义取和平温厚。故质性爽直者，恐近高亢，益当深体此意，以自箴砭[1]，不可任其一往之性也。

——张英《聪训斋语》

译文

古人身上佩戴的玉器，片刻不离身，这是取玉石温润坚定的寓意。君子以琴瑟常伴左右，不会无缘无故撤走，这是取琴瑟温和宽厚的寓意。那些性格爽直的人，往往过于刚硬，所以更应认真体悟古代君子佩戴玉石、弹琴鼓瑟的寓意，用它们来纠正自己的过失，不可依着自己旧有的习性任意而为。

---

[1] 箴砭：即"针砭"，规劝过失。

简评

　　性格爽直的人大多思想单纯，有口无心，说话比较直来直去。这样的人往往会因为言谈过于直率而让人难以接受，做事过于刚硬而缺乏回旋的余地。因此，作为当事人，应该以此为戒，无论在什么场合，都不要图一时之嘴快，不妨多考虑一下他人的感受。

19

把所有事都看淡一些

| 原文 |

他山石曰："万病之毒，皆生于浓。浓于声色，生虚怯病；浓于货利，生贪饕病；浓于功业，生造作病；浓于名誉，生矫激病。吾一味药解之，曰淡。"吁，斯言诚药石哉！

——张廷玉《澄怀园语》

| 译文 |

有经验的人说过："所有疾病的根源，都在于贪求。贪求声乐美色，就会引发体虚无力的病症；贪求财物利益，就会引发贪得无厌的病症；贪求事业功绩，就会引发虚伪造作的病症；贪求名誉声望，就会引发偏激悖逆的病症。我有一味药可以医治这些病症，就是'淡'，把所有事都看淡一些。"这句话真是医病良药啊！

人的成长，前半程主要是在做加法，身高体重在增加，知识阅历在增加，财富名声也在增加。但是，随着收获而来的，是忧愁烦恼也在增加。

"浮名浮利浓于酒，醉得人心死不醒"，如果不加约束、不懂克制，则身体致病、内心也可能不堪重负。文和公假借过来人之口教育子孙，人得学会做减法，减少对声色之娱、财货宝物、权利声望的欲望。少了对身外之物的欲望，自然能有更多精力立德修业，进而获得内心真乐。

鲜蔬白饭最养人，平和平淡最养身，所谓"淡中有味"，需要认真体会。

20

懂得知足，人生才会幸福

| 原文 |

圃翁曰：人生必厚重沉静，而后为载福之器。王谢①子弟席丰履厚，田庐仆役无一不具，且为人所敬礼，无有轻忽之者。视寒畯之士，终年授读，远离家室，唇燥吻枯，仅博束脩②数金，仰事俯育，咸取诸此。应试则徒步而往，风雨泥淖，一步三叹。凡此情形，皆汝辈所习见。仕宦子弟，则乘舆驱肥，即僮仆亦无徒行者，岂非福耶？乃与寒士一体怨天尤人，争较锱铢得失，宁非过耶？古人云："予之齿者去其角，与之翼者两其足。"③天道造物，必无两全。汝辈既享席丰履厚之福，又思事事周全，揆之天道，岂不诚难？惟有敦厚谦谨，慎言守礼，不可与寒士同一感慨欷歔，放言高论，怨天尤人，庶不为造物鬼神所呵责也。况父祖经营多年，有田庐别业，身

---

① 王谢：指六朝望族王氏、谢氏，代指高门世族。
② 束脩：古代敬师的礼物，代指老师的酬金。
③ 语出《汉书·董仲舒传》，原文为"与之齿者去其角，傅之翼者两其足"，这里的大意为"有锋利牙齿的动物就不会长角，有翅膀的动物就只有两条腿"，形容世事无法十全十美。

则劳于王事，不获安享。为子孙者生而受其福，乃又不思安享，而妄想妄行，宁不大可惜耶？

——张英《聪训斋语》

| 译文 |

圃翁说，一定要厚重沉静，这样才能成为有福之人。世家子弟生活优裕，田产、房屋、仆人样样不缺，而且受人尊敬，没有人敢轻视。看看那些寒微的读书人，终年教书，远离家室，口干舌燥，仅仅获得微薄的酬金，上有老下有小，所需费用都需要从中支取。每到科举考试都要徒步前往，风里雨里，深一脚浅一脚，一步三叹。凡此种种，都是你们常见的情景。官宦人家的子弟则乘车或骑马，就算是僮仆也不用步行，这难道还不算福分吗？如果与那些寒微的读书人一样怨天尤人，计较微小得失，难道不是你们的过错吗？古人说："予之齿者去其角，与之翼者两其足。"上天造物，必定无法两全其美。你们已经享受了优渥的生活条件，还想事事周全，以上天造物的规则衡量，难道不是难事吗？希望你们敦厚谦谨、慎言守礼，切不可像那些寒微的读书人一样感慨唏嘘，高谈阔论，怨天尤人，或许这样才不会被造物主斥责。何况父祖经营多年，给家中置办了田地房产、别墅园林，自己却忙于公务，没有机会享受。做子孙的生来就享受福分，如果不安心享受，却胡思乱想、胡作非为，难道不是令人痛惜的事吗？

这山望着那山高，人的欲望永难满足。贪婪无餍，不但易走邪路，而且难以澄心清意。

为人父母，要时常提醒孩子知足常乐，即使不是大富大贵，但如果能够丰衣足食，相比衣食无着、无家可归之人，难道不应该感恩命运的眷顾吗？再去抱怨不能事事如意，实属过于贪心了。

人生哪能多如意，万事只求半称心。不圆满才是常态，正是有些缺憾，才需要我们通过努力去改变。

21

为人处世，平淡才是最佳境界

| 原文 |

　　人之居家立身，最不可好奇。一部《中庸》，本是极平淡，却是极神奇。人能于伦常无缺，起居动作、治家节用、待人接物，事事合于矩度，无有乖张，便是圣贤路上入，岂不是至奇？若举动怪异，言语诡激①，明明坦易道理，却自寻奇觅怪，守偏文②过，以为不坠恒③境，是穷奇、梼杌④之流，乌⑤足以表异哉？布帛菽粟，千古至味，朝夕不能离，何独至于立身制行而反之也？

——张英《聪训斋语》

---

① 诡激：奇异激烈。

② 文：掩饰。

③ 恒：寻常。

④ 穷奇、梼杌：中国神话传说中，上古时代的舜帝流放了四个残暴的部落首领浑敦、穷奇、梼杌、饕餮，后用他们代指恶人。梼杌，音 táo wù。

⑤ 乌：疑问代词，哪里。

一个人在生活中立身处世，最不可追求新奇。一部《中庸》，本身内容极其平淡，所说道理却非常神奇。世人能在伦理道德方面处理得体，言行举止、持家用度、待人接物等方面事事合乎规矩法度，没有偏激失当的行为，就是有望成为圣贤的人，这难道不是特别神奇的事吗？如果举止怪异、言语偏激，明明是些浅显易懂的道理，却自寻新奇论调，剑走偏锋、文过饰非，自认为不落窠臼，这样的人是穷奇、梼杌之流，哪里能表现出与众不同呢？布帛菽粟这些寻常之物，是千百年来最好的东西，一天都少不了，为什么到了为人处世方面却要反其道而行之，去追求新奇呢？

简评

有些人刻意标新立异，对安守本分心存鄙夷。这未必不是一种急功近利的浮躁心态。起居治家、待人接物各个方面，循规蹈矩尚且做不到，就想要超越前人、超越他人，实在是镜中花、水中月，看起来很美，做起来很难啊！

随着阅历增长，我们慢慢发现，粗茶淡饭最健康最美味，棉布衣最贴身最舒适，餐餐饭按时按量最健康，件件事按部就班最稳妥。抛弃急功近利，平凡的日子最珍贵，平淡才是最好的人生境界。

22

真正的快乐源于内心

| 原文 |

　　人生乐事，如宫室之美、妻妾之奉、服饰之鲜华、饮馔之丰洁、声技之靡丽，其为适意者，皆在外者也，而心之乐不乐不与焉。惟有安分循理，不愧不怍，梦魂恬适，神气安闲，斯为吾心之真乐。彼富贵之人，穷奢极欲，而心常戚戚，日夕忧虞者，吾不知其乐果何在也！

——张廷玉《澄怀园语》

| 译文 |

　　人生中那些所谓的乐事，比如漂亮的屋舍、妻妾的侍奉、华丽的服饰、丰盛洁净的饮食、奢靡华美的声乐等等，能带给人的快乐，都只是外在感官的快乐，人内心是否真正快乐与这些事无关。只有安守本分、遵循事理，光明磊落、问心无愧，气定神

闲，即使睡梦之中，心神也能保持安宁，才是内心真正的快乐。那些富贵之人，穷奢极欲，但心中常常忧惧不安，日夜担惊受怕，我不知道他们究竟有什么快乐啊！

简评

　　论名与利，文和公在世时几乎无人出其右。纵使如此，他仍然认为外在的物质条件无法给人真正的快乐。

　　这给我们的启示是，不要因为生活富足就放松对孩子心智成长的关注。须告诉孩子，要自食其力，不贪图安逸。要鼓励孩子在学业之外，更多地"向内求"，求灵魂的富足，求知识的丰盈，也求内心的平静。

23

进德修业，以静立身

| 原文 |

　　吾人进德修业，未有不静而能有成者。《太极图说》曰："圣人定之以中正仁义而主静。"《大学》曰："静而后能安，安而后能虑。"且不独学问之道为然也，历观天下享遐龄、膺厚福之人，未有不静者，"静"之时义大矣哉！

——张廷玉《澄怀园语》

| 译文 |

　　我们若要涵养品德、研究学问，内心若不平静就无法实现。《太极图说》里讲："圣人把中正、仁义作为立身做事的标准，主张保持内心的平静。"《大学》里说："保持内心平静然后才能心态安和，心态安和才能思虑周全。"不单是做学问需要保持平静，看普天下那些享高龄、得厚福的人，没有不是内心平静的。"静"的现实意义很大啊！

    古人非常看重"守静"的积极意义，提倡人要时刻保持内心的安宁平静。比如，诸葛亮临终前就专门嘱托儿子"静以修身，俭以养德"。他们把"守静"作为立德立身的重要基础。

    如何才能"守静"？做人要无私，心中少些私心杂念，也便少了心旌摇曳，内心就不会被蝇营狗苟所左右，就能无惧无畏。做事要尽力，凡事尽力就少些"追悔莫及"，也就不会"悔不当初"，就能"不因虚度年华而悔恨，不因碌碌无为而羞耻"。进德修业没有了这些情绪羁绊，才能"静而有成"。

24

助人的快乐，胜于丰胜的美食

| 原文 |

圃翁曰：予性不爱观剧。在京师，一席之费，动逾数十金。徒有应酬之劳而无醑适之趣。不若以其费济困赈急，为人我利溥① 也。予六旬之期，老妻礼佛时，忽念："诞日例当设梨园宴亲友，吾家既不为此，胡不将此费制绵衣裤百领以施道路饥寒之人乎？" 次日为余言，笑而许之。予意欲归里时，仿陆梭山② 居家之法，以一岁之费分为十二股，一月用一分，每日于食用节省。月晦之日③，则总一月之所余，别作一封，以应贫寒之急。能多作好事一两件，其乐逾于日享大烹之奉多矣，但在勉力而行之。

——张英《聪训斋语》

---

① 溥：普遍。
② 陆梭山：指陆九韶，南宋学者。
③ 月晦之日：指农历每月最后一日。

我生性不喜欢看戏。在京师，戏园一席座位的花费，动辄数十两银子。对我来说，看戏徒有应酬的辛劳却毫无舒适畅快可言。不如用这些钱扶危济困，对人对己都有裨益。我六十岁生日的时候，老妻在为我拜佛祈福时，忽然想到："过寿照例应当请戏班唱戏并宴请亲友，我们家既然不这样做，何不将此花费制作百十件棉衣裤，施舍给露宿街头的饥寒之人呢？"老妻第二天把这些话讲给我听，我笑着答应了。我想等辞官归乡后，就仿效陆九韶居家理财的方法，把一年的花费分成十二份，一个月用一份，每天都注意在吃穿用度上节省。等月底最后一天，就把一个月省下来的节余，单独存放起来，用来救济贫寒之人。能够多做一两件好事，其中的乐趣远远胜于每天享用丰盛的美食，只要努力去做就是了。

简评

常常有人喜欢趁着生日或节日的时候，跟人一起应酬狂欢。觥筹交错之间、酒酣耳热之际，说着言不由衷的话，做着逢场作戏的事，乐此不疲。然而，酒醒时刻头疼欲裂，归家时分怅然若失。你看，即使花上了宝贵的时间，赔上了不菲的花费，也难以获得真正的快乐啊！

与其这样，不如像圃翁一样，用这些花费做些更有意义的事。不在事之大小，如能免无家可归者露宿，免穷困潦倒者饥寒，便是乐事一件。很多你眼里微不足道的付出，就是能温暖别人的莫大的善。

　　在现实生活中，人情往来往往难以避免。然而，我们可以有意识地减少那些既无实际价值，又消耗精力的无效社交。

25

为人不可求全责备，要懂得恕以待人

| 原文 |

凡人看得天下事太容易，由于未曾经历也。待人好为责备之论，由于身在局外也。"恕"之一字，圣贤从天性中来；中人以上者，则阅历而后得之；姿秉庸暗者，虽经阅历而梦梦如初矣。

——张廷玉《澄怀园语》

| 译文 |

大凡有人把天下之事看得很容易，都是因为不曾亲身经历；对待别人喜欢求全责备，都是因为没有设身处地。"恕"这种品格，圣贤天性中就有；中等天资的人，经历世事之后也会有；天资愚钝的人，即使有了阅历也混混沌沌想不明白。

简评

  《论语》中有一段对话非常有名。子贡向孔子请教，有没有一个字可以作为人一生的行为准则。孔子回答"恕"，且继续解释恕的意思是"己所不欲，勿施于人"。

  事非经过不知难，很多时候我们认为轻而易举的小事，只是因为并没有身处其中，也没有亲身经历。假如自己去做，未必能做到自己以为的那样完美无瑕。还有很多事，我们确实可以轻易做到，但对别人来说却未必容易。

  对人苛刻的毛病，也体现在许多父母身上。要知道，做事的能力和水平，既和人的禀赋有关，也和人的阅历经验有关。父母不能完全以自己的标准要求孩子，要给孩子成长的时间和试错的机会。"水至清则无鱼，人至察则无徒"，过于苛刻，会失去孩子的信任，也会打击他们的自信，不能不引以为戒。

26

多说人长，莫说人短

"乐道人之善""恶称人之恶"，皆出《论语》，可作书室对联，触目警心也。

——张廷玉《澄怀园语》

译文

"乐于称道别人的好""厌恶评说别人的坏"，这两句话都出自《论语》，可作为书房的对联，每当看到就能警醒自己。

简评

中国人向来注重与人交往的方式方法，并将此作为修身立人的重要方面，讲究"乐道人之善""恶称人之恶"，讲究"扬善于公庭，规过于私室"。其实，这也是父母教育孩子需要特别注意的一方面。

在孩子成长的过程中，对于他的优点和长处，一定要及时鼓励，甚至"广而告之"。几句夸奖，对许多成人来说无非会心一笑；但是对于孩子，他们却能因此感受到父母的信任和尊重。这能激励他们发扬优点，再接再厉。

对于孩子的缺点，当然也要及时指正，但只要不是十万火急，大可沉住气，在合适的时机、私下的场合进行沟通，甚至无意间轻描淡写地提醒都可以。不要因为孩子年龄小，或者周围都是至亲好友，就信口批评。指正的目的不是惩罚，不是让人当众难堪，也不是让人因错误而悔恨自卑，而是帮他们纠偏正向。

27

与人相处，要懂得换位思考

| 原文 |

　　魏叔子[①]曰："吾少禀戆直，多效忠于人，而颇自好其文，凡书牍必录于稿。吾友彭躬庵[②]曰：'人有听言而过已改者，子文幸传于世，则其过与之俱传。子不忍没一篇好文字，而忍令朋友已改之过千载常新乎？'予愧服汗下。此语与古人焚谏草[③]更自不同。"叔子集中载此一则，余展读再过，叹服躬庵之箴规可谓忠厚之至矣！此施于朋友之间且不可，何况君父之前？有所敷陈，辄宣播于外，以博骨鲠之誉，是何异几谏父母而私以语人？自诩为直，自诩为孝，此何等肺肠耶？

——张廷玉《澄怀园语》

---

① **魏叔子**：指魏禧，明末清初散文家。
② **彭躬庵**：指彭士望，明末清初文学家。
③ **焚谏草**：意为烧毁谏书的草稿。晋代羊祜在朝廷担任尚书右仆射，威信很高，每次他上奏的谏书，都含有很多好的策略和建议，但是为了保密，他会在上奏之后将谏书的草稿烧毁。"焚谏草"被用来形容一个人居官谨慎细密。

| 译文 |

　　魏禧说："我年少的时候憨厚耿直，与人相交忠心不二，因而对他们的只言片语也很珍惜，凡是笔记书信一定抄录下来。我的朋友彭士望对我说：'有的人能够知错就改，假如你的文字记录有幸流传后世，那他们的过错就一起被流传下去了。你不忍心埋没一篇好文章，却忍心叫朋友已经改正的过错历经千年而常新吗？'我听后惭愧佩服，汗如雨下。其中的意思和古人奏谏后焚烧草稿还有所不同。"魏禧文集中记载的这件事，我翻读再三，叹服彭士望对朋友的规劝真是忠厚至极啊！魏禧的做法用在朋友身上尚且不可，何况是对君王或者父亲呢？记录下朋友的过失，就会四处传播，以此博取刚直的名声，这样的做法和当面委婉劝告父母，回头就私下告知别人有什么区别呢？自诩正直、自诩孝顺，这样做是何居心啊？

| 简评 |

　　魏禧憨厚，与人结交推心置腹，恨不得把朋友的只言片语都记录下来，却没有想过朋友的隐私也许会因此众人皆知。这样的人并不少见，他们对人赤诚热烈，却缺乏换位思考的意识，常常让人为难却又难以开口相劝。他的朋友彭士望不但敏锐察觉到不妥，还能开诚布公地如实相告，不愧为值得结交的诤友。

　　很多父母对待孩子，也如魏禧对待朋友一样，擅自传播孩子的隐私，却不曾想过自己的行为不但容易损伤孩子的自尊心，还容易招来孩子的埋怨。对待其他人，他们或许能够换位思考，但是对待自己的孩子，却往往自恃亲密，就疏于管理情绪，疏于认真对待。殊不知，亲子关系只是一种特殊的人际关系，与孩子交流，设身处地站在孩子立场上考虑问题同样必不可少。

28

一言一行，有益于人

| 原文 |

　　与人相交，一言一事皆须有益于人，便是善人。余偶以忌辰①著朝服出门，巷口见一人，遥呼曰："今日是忌辰！"余急易之。虽不识其人，而心感之。如此等事，在彼无丝毫之损，而于人为有益。

　　每谓同一禽鸟也，闻鸾凤②之名则喜，闻鸺鹠③之声则恶，以鸾凤能为人福，而鸺鹠能为人祸也。同一草木也，毒草则远避之，参苓④则共宝之，以毒草能鸩人，而参茯能益人也。人能处心积虑，一言一动皆思益人，而痛戒损人，则人望之若鸾凤，宝之如参苓，必为天地之所佑、鬼神之所服，而享有多福矣。此理之最易见者也。

——张英《聪训斋语》

---

① 忌辰：此处指皇帝、皇后或皇室列祖列宗死亡之日。每临忌辰，历代王朝均要举行上陵礼以及各种悼念活动。明清时期，逢忌辰百官一般须着浅衣素服。

② 鸾凤：鸾鸟和凤凰，古人认为是神鸟，代表祥瑞。

③ 鸺鹠：音 xiū liú，俗称小猫头鹰，古人认为是不祥之鸟。

④ 参茯：人参和茯苓，名贵药材，有滋补身体的功效。

| 译文 |

与人交往时，若能做到一言一行都对他人有益，便是真正的善人。某一次忌辰，我穿着朝服就出门了，在巷子口遇到一个人，他远远地大声对我说："今日是忌辰！"我听了马上回家换了素服。虽然我并不认识这个人，但我内心对他十分感激。这样的事情，对他来说没有丝毫损伤，对别人却是十分有益。

都是禽鸟，人们听到鸾凤的名字就高兴，听到鸱鹠的叫声就厌恶，这是因为人们认为鸾凤能带来福气，而鸱鹠会带来灾祸。都是草木，人们见到毒草就远远躲避，见到人参茯苓就当作宝贝，这是因为毒草能毒害人，而人参茯苓对人有益。世人如果能够深思熟虑，努力做到一言一行都对别人有益，坚决不做损人利己的事情，那人们也会视之如鸾凤，爱之如参苓，他一定也会获得天地保佑、鬼神敬服，享受更多的福气。这个道理显而易见。

简评

人与人相交，小事、寻常事更考验人的修为。对人时，不要吝惜施以小善，也不要忽视别人的善意。对自己，须常念"勿以善小而不为"，须牢记"一言一行有益于人"。

教育子孙积德行善，不一定是为所谓"福报"。更多的是对子孙的一种期望，希望他们能够走正道、做正事，从点滴小事做起，积少成多，在学业精进的同时，精神世界也能得到滋养和完善。

29

听从自己的本心，
不要活在别人的评价里

| 原文 |

凡人少年，德性不定，每见人厌之曰悭，笑之曰啬，诮之曰俭，辄面发热，不知此最是美名。人肯以此诮之，亦最是美事，不必避讳。人生豪侠周密之名至不易副，事事应之，一事不应，遂生嫌怨；人人周之，一人不周，便存形迹①。若平素俭啬，见谅于人，省无穷物力，少无穷嫌怨，不亦至便乎？

——张英《聪训斋语》

| 译文 |

人在少年的时候，品德心性尚未稳定，每当遇到别人厌烦地评价自己小气，嘲笑自己吝啬，讽刺自己节俭，就面红耳赤，殊

---

① 形迹：嫌疑。

不知这些评价都是美名。能被人这样讥讽，也是美事一桩，不必忌讳。人生豪爽周到的名声最难得到，事事答应别人，只要一件事不答应，别人就会厌烦怨恨你。期望周济所有人，只要一个人照顾不到，别人就怀疑你。如果平日里就节俭，行为处事就会被人理解，那能省下多少物力财力，减少多少嫌隙怨恨，不是最为省事吗？

简评

　　我们期望事事周密，期望样样都好，期望人人称赞，我们在意别人甚于自己，在意别人的评价甚于自己的感受，常常陷于他人的评价旋涡不能自拔。

　　圃翁教育孩子，不妨对别人的讥讽、嘲笑、怨恨、怀疑泰然处之。毕竟，再努力讨好，别人也未必满意。再努力迎合，别人也未必领情。俗话说，"升米恩斗米仇"，很多付出非但不会被感激，甚至还可能引来嫌怨。既然如此，就释然吧，省下一点时间给自己，省下精力完善自己，或许是更有意义的事。

30

一个人要成大事，
必须从做好小事开始

| 原文 |

吾乡左忠毅公①举乡试，谒本房②陈公大绶③。陈勉以树立，却红柬④不受，谓曰："今日行事俭，即异日做官清。不就此跕定脚跟，后难措手。"呜呼，不矜细行，终累大德，前辈之谨小慎微如此，彼后生小子，生富贵之家，染纨绔之习，何足以知之？

——张廷玉《澄怀园语》

| 译文 |

我的同乡左光斗参加乡试时，前去拜谒本房的考官陈大绶。

---

① 左忠毅公：指左光斗，明代名臣，水利专家，为官清正、磊落刚直，被誉为"铁面御史"。
② 本房：明清乡试和会试，考官分房批阅试卷，考生称自己考官所在房为本房。
③ 陈公大绶：指陈大绶，时任乡试考官。
④ 红柬：红色的名帖。依后文判断，左光斗的名帖较为奢华，陈大绶推辞不受。

陈大绶勉励左光斗建功立业，但拒绝了他递上来的大红名帖，并对他说："今日做事节俭，以后就能做官清廉。现在不打牢节俭廉洁的基础，以后恐怕在这些方面更难应对。"哎呀！若不留意日常琐事，最终必会拖累自身的品德大节。前辈都如此小心谨慎，你们这些后生小辈，出生在富贵之家，沾染富家子弟的不良习气，不应该明白其中深意吗？

简评

很多孩子都有"差不多就行"的思想，不少父母也常常拿类似的话宽慰孩子。殊不知，"学其上，仅得其中；学其中，斯为下矣"，树立标准的时候就马马虎虎，更别指望实践的时候他们能够认真对待了。

"天下大事，必作于细。"要谨慎地对待事物的每一个方面，事情的每一个流程，最大限度降低出差错的可能。写作一段文章，要先从消灭错别字开始，要从点对每一个标点开始，才有可能逐渐磨炼出优秀的文字把握能力，才能为写作一手好文章打下坚实的基础。

同样的道理，做人也要关注好细节。与人交往，做人做事，成败藏于细节中。

31

做人凡事留余地

| 原文 |

人之精神力量，必使有余于事，而后不为事所苦。如饮酒者，能饮十杯，只饮八杯，则其量宽，然后有余；若饮十五杯，则不能胜矣。

——张廷玉《澄怀园语》

| 译文 |

为人处世，务必要为自己留下足够的精神与精力余地，这样才能从容应对，而不至于被繁杂事务所累。比如饮酒，如果自己的酒量是十杯，那就只饮八杯，身体还有余量，就能承受；如果喝了十五杯，那身体就无法负担了。

人在成长的路上，难免要走许多弯路。初出茅庐，凡事总是拼尽全力，哪怕事不可为，也要勉力为之。与人交往，事事推心置腹，明知力所不逮，碍于情面也要逞能逞强。可终归难以事事如愿，结果难免失望。

凡事留有余地，是人经历世事磨砺后才能逐渐省悟的道理。古代先贤特别注意以此教导不谙世事的晚辈。比如，朱柏庐教育孩子"凡事当留余地，得意不宜再往"。曾国藩教育孩子"留一分余地，可回转自如。不留余地，则易失之于刚，错而无救"。

做人留有余地，不是虚情假意，恰是为了保持人与人之间合理的距离，预留一点空间才能进退有据。做事有余地，不是惜力偷懒，恰是为了留足余力应对意外，预留一点力气才能游刃有余。"三分醉，七分饱，八分待人刚刚好"，民间的老话，常常蕴含着深刻的人生智慧，不可不察。

32

看淡荣辱得失

| 原文 |

　　忧患皆从富贵中来，阅历久而后知之。"有不虞之誉，有求全之毁。"①在《孟子》则两者平说。究竟不虞之誉少，而求全之毁多，此人心厚薄所由分也。孔子曰："如有所誉者，其有所试矣。"②是圣人之心宁偏于厚，其异于常人者正在此。

——张廷玉《澄怀园语》

| 译文 |

　　忧患都是从富贵中产生的，阅历多了就能体会。"人生中有意料之外的赞誉，也有吹毛求疵的毁谤。"《孟子》一书，对这两

---

① 语出《孟子·离娄上》，大意为有意料之外的赞誉，也有吹毛求疵的毁谤。
② 原文为"吾之于人也，谁毁谁誉？如有所誉者，其有所试矣。斯民也，三代之所以直道而行也"。大意为：我对于别人，诋毁了谁？称赞了谁？假若我对人有所称赞，一定是经过考察的。夏、商、周三代的人都如此，所以三代的人能直道而行。

种情况有对等的论述。终究是意料之外的赞誉少，而吹毛求疵的毁谤多，人心宽厚还是刻薄，从这里就能看出一二。孔子说："如果我对人有所赞誉，一定是经过考察的。"圣人的思想偏向宽厚，这也是他们异于常人的地方。

简评

　　人是社会人，不可能不被别人的想法看法所影响。尤其是人年少时，会特别在意别人的想法看法。这当然是好事，是人成长的标志。但是要知道，任何人都无法绝对客观和准确，所以别人的想法看法只能作为我们为人处世的参考，而不是标准。

　　曾国藩曾经说过，"是非审之于己，毁誉听之于人，得失安之于数"。人要有自己的是非判断，不要一味跟随别人的指挥棒起舞。再者，人无法左右他人，但可以把握自己，只需专注做人做事即可，好话坏话由他人评说。此外，要学着看淡人生的得失，任何事努力过就好，不妨对结果泰然处之。

33

善于从寻常的生活中自我反思

| 原文 |

圃翁曰: 予少年嗜六安茶①, 中年饮武夷②而甘, 后乃知芥茶③之妙。此三种可以终老, 其它不必问矣。芥茶如名士, 武夷如高士, 六安如野士, 皆可为岁寒之交④。六安尤养脾, 食饱最宜, 但鄙性好多饮茶, 终日不离瓯碗, 为宜节约耳!

——张英《聪训斋语》

| 译文 |

圃翁说, 我年轻的时候喜欢饮用六安茶, 中年以后开始喜欢武夷茶的甘醇, 后来又慢慢明白了芥茶的美妙。这三种茶可以终

---

① 六安茶: 指安徽六安所产茶叶, 曾为贡茶。
② 武夷: 指福建武夷山所产茶叶, 品质优良。
③ 芥茶: 指浙江罗芥山所产茶叶, 为茶中上品。
④ 岁寒之交: 指像"岁寒三友"一样的朋友。"岁寒三友"指松、竹、梅三种植物。松、竹经冬不凋, 梅花迎寒开放, 因而有"岁寒三友"之称。

身饮用，其他茶叶不用再了解了。芥茶好比是名望高不出仕之人，武夷茶好比是志行高洁之人，六安茶好比是乡野质朴之人，它们都可做像"岁寒三友"一样的朋友。六安茶尤其滋养脾胃，吃饱后饮用最为适宜。只是我生性喜欢过多饮茶，终日不离茶杯，应该节制一些了！

简评

俗话说"凡事有度，过犹不及"。人常常被自己的爱好束缚，沉浸在爱好所带来的愉悦中，久而久之，就难以正确面对爱好给身心健康带来的负面影响。好比饮茶，虽然好处很多，但是过度饮用，一样会给脾胃、睡眠造成负担。

圃翁嗜茶，却能自我警醒，特别是他一生嗜茶，还能在晚年警醒自己节制，实在是难得。善于反思可能就是智者和普通人的一大区别。从寻常的生活中反思点滴不足并加以完善，假以时日，立身立品的成效就会愈加显著。与孩子朝夕相处，这样的做法也会潜移默化地影响到他们。

34

你想选择怎样的人生？

| 原文 |

　　汝曹席前人之资，不忧饥寒，居有室庐，使有臧获，养有田畴，读书有精舍，良不易得。其有游荡非僻，结交淫朋匪友，以致倾家败业，路人指为笑谈，亲戚为之浩叹者，汝曹见之闻之，不待余言也。其有立身醇谨，老成俭朴，择人而友，闭户读书，名日美而业日成，乡里指为令器①，父兄期其远大者，汝曹见之闻之，不待余言也。二者何去何从，何得何失，何芳如芝兰，何臭如腐草，何祥如麟凤，何妖如鸺鹠，又岂俟余言哉？

——张英《聪训斋语》

| 译文 |

　　你们享有先辈打下的基础，不用担心吃饱穿暖，有房屋庐舍

---

① 令器：优秀的人才。

可以居住，有奴仆下人可供使唤，有田地供养家庭，有书斋可供读书，这些都很难得。有些游手好闲、人品不正的人，结交狐朋狗友，导致倾家荡产，沦为路人笑柄，亲戚为之叹息，你们都曾见过听过，不用我说了。有些纯朴谨慎的人，老成节俭，注意择交，专心读书，名声越来越好，事业渐渐有成，乡里人认为是优秀的人才，背负父母兄弟美好期望，你们也都曾见过听过，也不用我说了。这两种人生，你们何去何从，拥有哪个摒弃哪个，哪一种如鲜花般芳香，哪一种如腐草般恶臭，哪一种像麒麟凤凰般吉祥，哪一种像鸺鹠般邪恶，还用得着我来说吗？

简评

俗话说"学坏容易学好难"。比起宴饮游乐，日夜读书肯定更加辛苦。人天生就有偷懒和享乐的惰性，未谙世事的少年，更易走错路、走弯路，这是人所共知的事。

这个时候，不要小看了身边人的作用，一个好的榜样可以引领少年走正道、干正事，或许比父母师长耳提面命更有效果。而一个坏的同伴可能带领少年走邪路、做坏事，浪费宝贵的青春年华，给人生造成不良影响。引导孩子亲贤远佞，通过榜样的引导和带动，激励价值观还未成型的少年见贤思齐，能起到很好的教育效果。

35

不要贪图小利，因小失大

| 原文 |

　　不足，则断不可借债。有余，则断不可放债。权子母①起家，惟至寒之士稍可，若富贵人家为之，敛怨养奸，得罪招尤，莫此为甚。

　　乡里间荷担负贩及佣工小人，切不可取其便宜。此种人所争不过数文，我辈视之甚轻，而彼之含怨甚重。每有愚人，见省得一文，以为得计，而不知此种人心忿口碑，所损实大也。待下我一等之人，言语辞气最为要紧。此事甚不费钱，然彼人受之，同于实惠。只在精神照料得来，不可惮烦，《易》所谓"劳谦"②是也。予深知此理，然苦于性情疏懒，惮于趋承，故我惟思退处山泽，不要见人，庶少斯过，终日懔懔耳。

——张英《聪训斋语》

---

① 权子母：指资本经营或放贷收息生意。
② 劳谦：勤劳谦恭，原文为"劳谦，君子有终，吉"。

译文

家用不足，一定不要去借债。家用富余，也一定不要去放债。放贷收息生意，只有寒苦之人可以略加经营，如果富贵人家干这种事，就会招惹怨恨、滋生奸邪，没有比这更容易惹是生非的事了。

在田野乡间，那些挑担贩卖的货郎以及雇工小民，一定不要占他们的便宜。这些人计较的不过是几文小钱，我们根本不在意，他们却会因此心生怨气。经常见到一些愚笨的人，看到自己能省下一文钱，就暗自高兴，殊不知这些人会因为心存不满而到处乱说，给你造成的损失，实在不是几文小钱所能比的。对待比我们地位低的人，言辞和语气最为要紧。这不需要什么花费，却能让对方感受到尊重，就和获得你给的恩惠一样。只要精神照应得过来，一定不要嫌麻烦。《周易》里所说的"劳谦"就是这个意思。我深知这个道理，但是苦于性情疏懒，又厌烦奉承，所以我只想退居山林，不想与人打交道，这样就能少些过错，不用终日小心翼翼了。

简评

圃翁的见解，展现了他深刻的人生智慧。市井小民终日奔波劳碌，所得却微不足道，心中难免积攒怨气。与他们相处时，最需关注的便是那些看似微不足道的小钱和细节。若因蝇头小利与他们斤斤计较，不仅会让他们心生怨气，甚至可能四处抱怨，最终给我们带来的负面影响，绝非几文小钱所能弥补。

与人交往，尤其是与地位较低的人相处，言辞和态度尤为重要。一句温暖的话语、一个尊重的举动，虽不需任何花费，却能让对方感受到被尊重的温暖，就如同得到了一份珍贵的恩惠。在不影响自己的前提下，尽量满足对方的小小需求，哪怕自己稍有折损，只要能让对方有所收获，便是善举。若无损自身，务必予人方便；即便稍有不便，能帮人一把也是积德行善。过于计较，虽得小利，却失大体，终究是得不偿失。

圃翁倡导在生活中多一些宽容与体谅，少一些计较与争执。这种智慧不仅能减少与他人的摩擦，更能让我们活得更加从容自在。

36

在纷繁的世界中，找到内心的宁静

| 原文 |

圃翁曰：予自四十六七以来，讲求安心之法。凡喜怒哀乐、劳苦恐惧之事，只以五官四肢应之。中间有方寸之地，常时空空洞洞、朗朗惺惺，决不令之入。所以，此地常觉宽绰洁净。予制为一城，将城门紧闭，时加防守，惟恐此数者阑入。亦有时贼势甚锐，城门稍疏，彼间或阑入。即时觉察，便驱之出城外，而牢闭城门，令此地仍宽绰洁净。十年来，渐觉阑入之时少，不甚用力驱逐。然城外不免纷扰，主人居其中，尚无浑忘天真之乐。倘得归田遂初，见山时多，见人时少，空潭碧落，或庶几矣！

——张英《聪训斋语》

| 译文 |

我从四十六七以来，就在寻求内心安宁的方法。凡是喜怒哀乐、劳苦恐惧的事情，就只用五官和四肢应付。中间的心灵之地，自然能保持通透畅快、明朗清醒，不会被繁芜杂事打扰。所以，心中常常宽绰整洁。我在内心筑起一座坚固的城池，将城门紧紧锁闭，时刻警惕守备，唯恐这些烦心事混入心中之城。有时，这些烦心事如同盗贼般在城外徘徊，猛烈地冲击着城门。稍有疏忽，它们便会趁虚而入，扰乱我内心的宁静。一旦察觉，我便会毫不犹豫地将它们驱逐出去，重新将城门牢牢锁闭，让内心始终保持宽绰整洁，不被杂念侵扰。十年来，我慢慢发现，那些烦心事混入的情况越来越少，都不必费心驱离了。然而世事纷扰，我守护着这一方心中净土，还无法到达浑然忘我的境界，体会天真自然的快乐。假如将来解职归田的初心能够实现，多看看我爱的山，少见些世间的人，对空潭回响，望碧霞满天，或许就能体会物我两忘的境界了吧！

简评

很多人都有离群索居的梦想，但人是社会人，哪里容得我们"全身而退"呢？圃翁的方法是做好思想上的"断舍离"，把扰人心智、惹人烦恼的事物统统挡在心门之外。作为当朝"宰相"，他每天应付数不胜数的烦琐杂事，却没有乱了心中方寸，真正做到了"以出世之心，做入世之事"。

所以，守一方心灵净土，并非不食人间烟火。恰恰相反，人往往需要先把当下"俗事"做好，解决后顾之忧，才能专心守卫自己的精神世界。真正的隐士，大都和圃翁一样，是"大隐隐朝市"的。只要保持内心纯粹，在哪里、做什么并不重要，很多时候"闭门即是深山，读书随处净土"。

37

知足即为称意，得闲便是主人

| 原文 |

　　圃翁曰：予拟一联，将来悬草堂中。"富贵贫贱，总难称意，知足即为称意。山水花竹，无恒主人，得闲便是主人。"其语虽俚，却有至理。天下佳山胜水、名花美箭无限，大约富贵人役于名利，贫贱人役于饥寒，总无闲情及此。惟付之浩叹耳。

——张英《聪训斋语》

| 译文 |

　　圃翁说，我拟了一副对联，将来要悬挂在草堂之中。上联是"富贵贫贱，总难称意，知足即为称意"，下联是"山水花竹，无恒主人，得闲便是主人"。话语虽然通俗，但是道理却最为精深。天底下的名山胜水、名花美竹数不胜数，大概富贵之人被名利役使，贫贱之人为衣食奔波，都没有闲情逸致欣赏它们。每当想到这里，我都只能深深叹息。

圃翁这副对联，或许是受了东坡先生的启发。仕途失意、被一路贬谪到黄州的东坡先生，并没有一味悲观愤懑意难平。他登临江亭，给友人写信说，这儿很美，掬一捧江水就能喝出上游家乡的味道，还说"江山风月，本无常主，闲者便是主人"。论境遇起伏、论成就禀赋，我们都比先贤差得远，即使身处逆境，先贤也比我们洒脱得多！

我们总是鼓励孩子学无止境，好上加好，却很少平心静气地告诉孩子，他们所做已经足够多，所得已经足够好。教育孩子，首先要自我教育。我们知足，孩子也便豁达；我们洒脱，孩子也便释然。成才固然重要，成人更是必须。

38

世事洞明皆学问，人情练达即文章

| 原文 |

　　余久历世涂①，日在纷扰荣辱、劳苦忧患之中。静念解脱之法，成此八章。自谓于人情物理、消息盈虚②略得其大意。醉醒卧起，作息往来，不过如此而已。顾③以年增衰老，无由自适。二十余年来，小斋仅可容膝，寒则温室拥杂花，暑则垂帘对高槐，所自适于天壤间者，止此耳。求所谓烟霞林壑之趣，则仅托于梦想，形诸篇咏，皆非实境也。辛巳春分前一日，积雪初融，霁色回暖，为三郎廷璐④书此，远寄江乡，亦可知翁针砭气质之偏⑤，流览造物之理。有此一知半见，当不至于汩没⑥本来耳。

——张英《聪训斋语》

---

① 涂：通"途"。

② 消息盈虚：事物的盛衰变化。

③ 顾：副词，表转折。

④ 廷璐：指张廷璐，张英第三子。

⑤ 气质之偏：指偏颇的性格。

⑥ 汩没：汩音 gǔ，淹没，引申为改变。

|译文|

我经历世事已久，每日都在纷扰荣辱、劳苦忧患之中。静下心来思考解脱方法，写成这八章内容。我自认为对人情世故、盛衰之理略有所知。酒醉酒醒、躺卧起居、劳作休息、应酬往来，人生不过就是这些事罢了。只是因为我日渐衰老，已经难以自得其乐了。二十多年来，蜗居在狭小的居室，冬天点燃炉火与花草为伴，夏天放下帘子坐望参天古槐，在天地之间寻得惬意与悠闲，也就这些而已。追求所谓山水田园之乐，仅仅寄托于梦想，表达在文章诗歌之中，都不是亲身经历。辛巳年春分前一日，积雪初融，天空放晴、气温回暖，我为三郎廷璐写下这些，寄回遥远的故乡，你可从中看出父亲我纠正偏颇性格的努力，和观察思考世间万物运行规律的见解。还能有这样一些浅显的体会，说明我的本性没有改变。

简评

圃翁一生，人前尽心尽力做分内之事，人后修身治学从无懈怠。人生起起落落，也没有耽误治学治家，繁忙的政务之余，还留下了非常丰富的著述。即使到了晚年，仍然努力"针砭气质之偏，流览造物之理"，足以为天下读书人垂范。

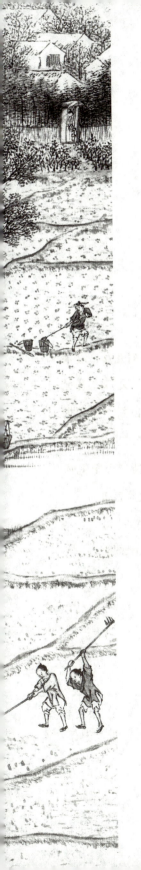

治家篇

耕读传家久，
诗书继世长

01

家庭和睦，是人间第一等好事

| 原文 |

    东坡《与子明兄书》①曰："老兄嫂团坐鑪②头，环列儿女，坟墓咫尺，亲眷满目，便是人间第一等好事。更何所羡？"又曰："吾兄弟俱老，当以时自娱。世事万端，皆不足介意。所谓自娱，亦非世俗之乐，但胸中廓然无一物，即天壤之间山川、草木、虫鱼之类，皆是供吾家乐事也。"读苏公此数语，觉家庭友爱至情，溢于笔墨间。然非至诚质朴，浑然天理，不能知此乐，亦不能为此言也！

——张廷玉《澄怀园语》

---

① 《与子明兄书》：苏轼写给二伯苏涣家堂兄苏不疑的信。此处应为作者误记，本文两段引用内容，仅后一段出自《与子明兄书》。前一段应为《与子安兄书》中的内容，子安指苏涣另一个儿子苏不危。

② 鑪：通"炉"。

苏轼的《与子安兄书》中写道："老哥和老嫂团坐炉头，儿女环绕周围，先人的坟墓就在附近，亲戚眷属都在身边，这是人间最美好的事情，还有什么比这更令人羡慕的？"他还在《与子明兄书》里写："我们兄弟都已经老了，应该及时行乐。世事纷扰，都不要放在心上。所谓自娱自乐，也不是指那些世俗乐趣，只是说心胸要了无牵挂，天地之间的山川、草木、鱼虫，都是我们快乐的来源。"读苏公这些话，感觉家庭兄弟之间的至真情感，洋溢在笔墨之间。如果不是个性质朴真诚、天然纯真，不会了解这种快乐，也说不出这样的话来啊！

简评

读三苏的作品，能感受到苏氏一门亲人之间，虽然个性不同，但是感情非常融洽。苏轼甚至与成年后才初次见面的表兄文同也长期保持着密切的书信往来。用现在的话来说，他们是一个温暖的大家族。无独有偶，桐城张氏家族也是如此，文和公的父亲就曾在家训《聪训斋语》中谆谆教导儿孙，要同气连枝、团结友爱。

家庭是温暖的港湾，温暖的氛围给家族里的每个人提供"情绪价值"，帮助他们直面人生的起伏，共担前行的重担。从他们的作品里就能感受到家族成员间共有的乐观与豁达。家族成员之间相互帮衬，也助力他们在各自领域有所成就。"一门父子三词客"和"父子宰相""三世得谧""四世讲官"的美谈，不得不说和他们各自的家族支持有很大关系。

现代人家族成员稀少，很难切身体会家族血脉间的深厚情感，但是道理是相通的，同气连枝相互帮衬，是亲人之间的应有之义。

02

手足之情，最是难得

| 原文 |

　　法昭禅师^①偈^②云："同气连枝各自荣，些些言语莫伤情。一回相见一回老，能得几时为弟兄？"^③词意蔼然，足以启人友于之爱^④。然予尝谓，人伦有五，而兄弟相处之日最长。君臣之遇合，朋友之会聚，久速固难必也。父之生子，妻之配夫，其早者，皆以二十岁为率。惟兄弟，或一二年，或三四年相继而生。自竹马游戏，以至鲐背^⑤鹤发，其相与周旋，多者至七八十年之久。若恩意浃洽^⑥，猜间不生，其乐岂有涯哉？近时，有周益公^⑦，以太傅退休，其兄乘成先生，以将作监丞退休，年皆八十，诗酒相娱者终其身。章泉赵昌

---

① 法昭禅师：南宋僧人。

② 偈：音 jì，佛经中的颂词，形式类似于诗，一般四句。

③ 大意为：兄弟好比是一棵树上各自生长的枝干，不要因为一点不同的意见就伤了感情。见一次老一次，人生还有多少时间做兄弟啊。

④ 友于之爱：语出《尚书·君陈》"惟孝友于兄弟"一句，指兄弟之情。

⑤ 鲐背：鲐鱼背有黑纹，类似老人皮肤上的黑斑，鲐背鹤发代指老年。

⑥ 浃洽：音 jiā qià，融洽。

⑦ 周益公：指周必大，南宋政治家、文学家。后文乘成先生指其从兄周必正，曾任将作监丞。

甫①兄弟，亦俱隐于玉山之下，苍颜华发，相从于泉石之间，皆年近九十，真人间至乐之事，亦人间罕有之事也！

——张英《聪训斋语》

| 译文 |

　　法昭禅师有一首偈语："同气连枝各自荣，些些言语莫伤情。一回相见一回老，能得几时为弟兄？"言辞很恳切，足以激发人们的兄弟之情。我曾经说过，人世间的关系有五种，其中兄弟这种关系是相处时间最久的。君臣相遇共事、朋友相逢相聚，在一起的时间长短不一定。父母生育子女，妻子婚配丈夫，时间早一点的，也都要二十岁上下。只有兄弟，或一两年内，或三四年内相继出生。从玩笑打闹的童年，到白发苍苍的老年，彼此陪伴交往，时间长的有七八十年之久。如果感情融洽，不生嫌隙，真是不尽的快乐啊！南宋时的周必大先生，从太傅职位上退休，他的从兄周必正先生从将作监丞职位上退休，两个人都年近八十，诗酒相伴共度余生。赵蕃兄弟二人，晚年隐居在玉山之下，苍颜华发，一起游山玩水，两人都年近九十，这真是人间极乐之事，也是人间少有之事啊！

---

① 章泉赵昌甫：指赵蕃，号章泉，南宋诗人。

　　有一个同胞兄弟姐妹相伴，彼此从黄发垂髫之年一直到鲐背鹤发，童年相伴嬉戏，少年相学互长，彼此关爱，相互支持，着实是人生之幸。成年以后，儿时相处的记忆，即使是那些争执打闹的瞬间，再回味也是感慨良多，难以忘怀。

　　只可惜，岁月无情，再亲密的兄弟姐妹也难逃"一回相见一回老"的无奈。人生短短几十年，兄弟姐妹须有缘惜缘，珍惜当下，要常常联络，不要因为俗务杂事增加了隔阂，也要常常走动，不要因为时空距离冷落了血脉亲情。

03

从小立规矩，长大有教养

| 原文 |

程封翁汉舒[①]曰："一家之中，老幼男女，无一个规矩礼法，虽眼前兴旺，即此便是衰败景象。"又曰："小小智巧用惯了，便入于下流而不觉。"此二语乃治家训子弟之药石也。

——张廷玉《澄怀园语》

| 译文 |

程大纯先生说："一家之中，如果男女老幼都不讲规矩和礼仪，即使眼下兴旺，这种情况也是家庭衰败的景象。"他还说："投机取巧的事做多了，不知不觉就堕落到卑鄙下流的境地。"这两句话真是治家教子的良方啊！

---

① 程封翁汉舒：指程大纯，字汉舒，清代学者，曾任湖北黄冈教谕，著有《笔记》一书。

　　学校里老师教授知识，总是在学生先掌握了按部就班的解题方法后，才去教授快速解题的"窍门"。如果开始就教授快速解题思路，有些聪明过头的学生就会投机取巧。但这些"窍门"并非处处行得通，学习知识还是得"先固化再活化"。

　　同样的道理，做人还是要专注于"做正事""行正道"，不要总想那些旁门左道。习惯了走捷径、走门路和耍小聪明，就忘了正大光明的途径。等到形成了固定的思维方式和行为习惯，就会慢慢堕落到下流下品，也就慢慢上不了台面了。

04

亲友之间，要常联系

越数日，邮寄数纸，以博堂上之一笑。先公每接到，辄命小胥缮录之。积之既久，遂成四帙。因以抄本及原稿寄廷玉，曰："好藏之，他日载之集中，亦著述中一种也。"廷玉受而藏之箧笥，后因室庐不戒于火，遂成灰烬。每念先公汇集邮寄之意，辄为泫然！而曩时所历之境，已阅三十余年，静中思之，不过得其仿佛，欲举以笔之于书，不能矣！抚今追昔，慨惜曷胜。

——张廷玉《澄怀园语》

| 译文 |

每隔几天，我就会邮寄几页日记回家，博取父母一笑。先父每当收到，就让僮仆誊写整理好。日积月累，逐渐有四卷之多。于是他就把抄本和原稿寄回给我，嘱咐我："好好收藏起来，日

后收到文集里，也是著述的一种。"我就收藏到竹箱里，后来因为房屋着火，这些日记不幸被烧成灰烬。每当想起先父收集邮寄我日记的心意，我就忍不住落泪！日记中记录的情境，已经过去三十多年，静下心来想，也只能想起个大概，想要举起笔记下来，已经做不到了！抚今追昔，感慨万千。

简评

　　父子一同在朝为官，父亲退休后，嘱咐儿子写好日记，时常寄一些日记回家，以解思念。一段时间后，父亲又将誊写整理好的日记回寄给了儿子。在通信极不发达的古代，在不善表达感情的父子之间，这些细节传递出的温情让人感动。也难怪，几十年以后，当文和公自己也成为一位老人的时候，再回忆起这些往昔，忍不住潸然泪下。

　　今天的我们，已经很少写日记、寄家信了，我们拥有了更先进、更快捷的联系方式，却未必能像先贤一样定期与亲朋好友联络。其实，保持联络并不需要长篇大论，或者交流近况，或者分享感受，甚至只是分享些有用有趣的知识就够了。不要小看接通电话或者动动手指就能传递的信息，它能给亲人以慰藉，给朋友以关怀，让彼此感受到对方的爱。

05

孩子需要爱，更需要规矩

| 原文 |

治家之道，谨肃为要。《易经·家人卦》义理极完备。其曰："家人嗃嗃[①]，悔厉，吉；妇子嘻嘻[②]，终吝。"[③]"嗃嗃"，近于烦琐，然虽厉而终吉；"嘻嘻"，流于纵轶[④]，则始宽而终吝。余欲于居室，自书一额，曰"惟肃乃雍"[⑤]，常以自警，亦愿吾子孙共守也。

——张英《聪训斋语》

---

① 嗃嗃：嗃音 hè，严肃的样子。

② 嘻嘻：欢笑的样子。

③ 大意为：家里人相处要刚正严肃，即使会后悔，但是对家庭有利；妻子儿女整日嬉笑玩乐，最终会带来遗憾悔恨。

④ 纵轶：同"纵佚"，放纵逸乐。

⑤ 大意为：只有保持严肃庄重，家庭才能和谐和睦。

治家的方法，保持谨慎严肃非常关键。《易经·家人卦》对这一问题阐述得非常完备。其中写道："家人嗃嗃，悔厉，吉；妇子嘻嘻，终吝。"所谓"嗃嗃"，是指治家需要事无巨细去规范，即使过于严厉但是结果终归是好的。所谓"嘻嘻"，是指家人行为放纵、贪图享乐，开始时感觉宽松，最终会让人悔恨遗憾。我打算在居室中自书一个匾额，上面写"惟肃乃雍"四个字，时常警醒自己，也希望我的子孙共同恪守。

简评

不可否认，今人和古人的治家态度有很大区别。今人治家讲求温馨，讲求宽容，也讲求自在。古人则讲求严肃，讲求庄重，也讲求规矩。两种方式没有优劣之分，只是时代之变的结果。

古人治家看似少了些暖心，却让孩子更早明白该做什么不该做什么。圊翁靠"惟肃乃雍"治家，一样"父子两宰相，一门六翰林"，保持严肃未必不是好事。凡事都是一体两面，厚古薄今自不可取，厚今薄古也要不得。

06

要正确对待地位、财富和子孙

| 原文 |

圃翁曰：人生适意之事有三，曰贵、曰富、曰多子孙。然是三者，善处之则为福，不善处之则足为累。至为累而求所谓福者，不可见矣。何则？高位者，责备之地、忌嫉之门、怨尤之府、利害之关、忧患之窟、劳苦之薮、谤讪之的、攻击之场，古之智人往往望而却步。况有荣则必有辱，有得则必有失，有进则必有退，有亲则必有疏，若但计丘山之得[①]而不容铢两之失，天下安有此理？但己身无大谴过，而外来者[②]平淡视之，此处贵之道也。

佛家以货财为五家公共之物，一曰国家、二曰官吏、三曰水火、四曰盗贼、五曰不肖子孙。夫人厚积，则必经营布置，生息防守，其劳不可胜言。则必有亲戚之请求，贫穷之怨望，僮仆之奸骗，

[①] 丘山之得：指极大的好处，丘山比喻大或者多。后文铢两之失指极小的损失，铢、两是极小的重量单位。

[②] 外来者：指身外之物。此处指前文所述"责备、忌嫉、怨尤、利害、忧患、劳苦、谤讪、攻击"等。

大而盗贼之劫取，小而穿窬之鼠窃^①，经商之亏折，行路之失脱，田禾之灾伤，攘夺之争讼，子弟之浪费。种种之苦，贫者不知，惟富厚者兼而有之。人能知富之为累，则取之当廉，而不必厚积以招怨。视之当淡，而不必深恔以累心。思我既有此财货，彼贫穷者不取我而取谁？不怨我而怨谁？平心息忿，庶不为外物所累。俭于居身而裕于待物，薄于取利而谨于盖藏，此处富之道也。

至子孙之累，尤多矣。少小则有疾病之虑，稍长则有功名之虑、浮奢不善治家之虑、纳交匪类之虑。一离膝下则有道路寒暑饥渴之虑。以至由子而孙，展转无穷，更无底止。夫年寿既高，子息蕃衍，焉能保其无疾病痛楚之事？贤愚不齐，升沉各异，聚散无恒，忧乐自别。但当教之孝友、教之谦让、教之立品、教之读书、教之择友、教之养身、教之俭用、教之作家，其成败利钝^②父母不必过为萦心，聚散苦乐父母不必忧念成疾。但视已无甚刻薄，后人当无倍^③出之患；已无大偏私，后人自无攘夺之患；已无甚贪婪，后人自当无荡尽之患。至于天行之数、禀赋之愚，有才而不遇，无因而致疾，延良医慎调治，延良师谨教训，父母之责尽矣，父母之心尽矣，此处多子孙之道也。

予每见世人，处好境而郁郁不快，动多悔吝忧戚，必皆此三者

---

① 穿窬之鼠窃：穿垣跳墙，指小偷小摸。窬音 yú，通"逾"，从墙上爬过去。

② 利钝：指吉凶。

③ 倍：通"悖"。悖出指财物不合理地损耗殆尽。

之故。由不明斯理，是以心褊见隘，未食其报，先受其苦。能静体吾言，于扰扰之中，存荧荧之亮，岂非热火坑中一服清凉散、苦海波中一架八宝筏[①]哉！

——张英《聪训斋语》

译文

圃翁说，人生称心如意的事情有三件：尊贵、富足、多子多孙。这三件事，处理得好就是人生的福气，处理不好就是人生的拖累。等它们变成了人生的拖累，再去追求人生之福，就很难了。为什么呢？因为尊贵的地位，就是众人责备的对象、嫉妒的门户、怨恨的宅邸，就是利害的节点、劳苦的集聚，还是诽谤的目标、攻击的场地，古代的智者，往往对所谓的高位望而却步。况且有荣耀就会有折辱，有所得就会有所失，有前进必然有后退，有亲近必然有疏离。如果只去算计大的好处，却无法容忍极小的损失，天下哪有这样的道理？只求自己不犯重大的过失，对身外之物泰然处之，才是对待尊贵地位的方式。

佛教认为货物钱财是五家共有之物，这五家是国家、官吏、水火、盗贼和不肖子孙。人如果家资丰厚，一定是悉心经营布置、收取利润和防备守护所得，其中的辛劳不可胜数。也一定会

---

① 八宝筏：佛教用语，一般指引导众生渡过苦海的佛法。

有亲戚求助借贷、穷人怨恨乞讨、仆人欺骗盗窃之类的事。大到强盗打家劫舍，小到毛贼翻墙偷盗，以及经商发生亏损，运输出现丢失，田地遭受天灾，掠夺引发官司，子孙奢侈浪费等情况也是时有发生。其中的种种愁苦，是贫穷之人无法知晓的，家资丰厚的人一样也少不了。人如果能够明白财富也是一种累赘，就应该对获取财富有所节制，不会累积过多招灾惹祸。对待财物要淡然处之，不要嫉妒攀比扰乱内心。要这样想，我已经累积这么多财富货物，那些贫穷者不觊觎我觊觎谁？不怨恨我怨恨谁？平心静气平息愤怒，这样才不会为身外之物所累。安身立命要节俭，待人接物要大方，获取利益要节制，储藏财物要小心，这才是对待财富的正确方式。

至于多子多孙带来的拖累，则尤其多。子孙小时担忧他们罹患疾病，稍微年长操心他们的功名，担心他们轻浮奢华、不懂持家，担心他们交友不善、误入歧途。一旦离开身边，又开始担忧他们在外饥渴寒暑。从儿子到孙子，担忧反复无穷，永远没有到头的日子。子孙们年岁渐长，繁衍生息，怎么能保证他们没有疾病和苦痛呢？子孙之间贤良愚昧各有差异，人生沉浮各有不同，彼此之间聚散无常，忧愁欢乐各有各命。只要能够教育他们孝顺友爱、谦虚礼让、正直有品、读书学习、结交良友、修身养性、勤俭节约、持家立业，那他们的成败吉凶，父母就不必太过操心了，他们的聚散苦乐，父母也不必忧思成疾。只要自己不是那么刻薄寡恩，后人自然不会有财物散尽的忧患；只要自己不是那么偏袒自私，后人自然不会有争抢家产的隐忧；只要自己不是那么贪得无厌，后人自然不会有倾家荡产的可能。至于寿命多少、禀赋如何，是不是怀才不遇，是不是无故生疾等等，做父母的只要做到有病请良医谨慎医治，长大请良师悉心教导，那父母的责任就尽到了，父母的心意就尽到了，这就是对待子孙的方式。

我常见到世人，身处很好的境遇却总是郁郁寡欢，动辄生发很多悔恨、遗憾、忧愁和烦恼，那必定是因为上述三者。不明白上述道理，就会心胸狭小、见识狭隘，还没有享受其中的乐趣，就先承受其间的苦楚。如果能够静下心来，体悟我说的这些话，那在纷纷扰扰的世界里，就能有一点希望的亮光，这亮光不就是火坑中的清凉散、苦海中的八宝筏吗？

简评

孩子会带给父母无尽的快乐。当看到孩子小小的身上全是自己儿时的影子，我们总会由衷地感叹生命的神奇，其中的幸福滋味非亲身经历无法体会。孩子的每一个笑容、每一次进步，都像是阳光洒进心田，让父母感受到前所未有的满足和喜悦。然而，孩子也会带给父母很多的烦忧。为人父母者大多如圃翁所说，孩子小时担心他是否吃饱穿暖，是否学业进步；孩子大了，又担心他是否治家理财，是否注重择交。这一切听起来俗套，可这就是父母啊，没有人能够免俗。

正因如此，为人父母也要注意宽慰自己、开解自己，学会适当放手。孩子有自己的世界，有自己要走的路，你只要尽做父母的心就好了，只要尽自己所能去爱就好了。事事追求极致，常常难以如愿，甚至适得其反。父母的爱，不应是过度的束缚，而应是温暖的陪伴和智慧的引导。能够"教之孝友、教之谦让、教之立品、教之读书、教之择友、教之养身、教之俭用、教之作家"，父母之心、父母之责也就尽到了。在这个过程中，父母也会逐渐成长，学会在爱与放手之间找到平衡，让孩子在自由的天空中翱翔，也让自己的内心更加从容和坦然。

07

持家用人，宜精不宜多

| 原文 |

　　圃翁曰：人家僮仆，最不宜多畜。但有得力二三人，训谕有方、使令得宜，未尝不得兼人之用。太多则彼此相诿，恩养必不能周，教训亦不能及，反不得其力。且此辈当家道盛，则倚势作非，招尤结怨。家道替，则飞扬跋扈，反唇卖主。皆势所必至。予欲令家仆皆各治生业①，可省游手游食之弊，不至于冗食②为非也。且僮仆，甚无取乎黠慧者。吾辈居家居宦，皆简静守理，不为暗昧之事。至衙门政务，皆自料理，不烦干仆巧③权门之应对，为远道之输将④，打点机密，奔走势利。所用者，不过趋跄⑤洒扫、负重徒步之事耳，焉用聪明才智为哉？至于山中耕田锄圃之仆，乃可为宝。其人无奢

---

① 生业：指产业。
② 冗食：指吃闲饭。
③ 巧：动词，意为擅长。
④ 输将：运送，可引申为跑关系。
⑤ 趋跄：跄音 qiāng，奔走侍奉。

望，无机智，不为主人敛怨，彼纵不遵约束，不过懒惰、愚蠢之小过，不必加意防闲，岂不为清闲之一助哉？

——张英《聪训斋语》

| 译文 |

圃翁说，家中的仆人，最好不要蓄养太多。只要有得力的二三人，对他们训导有方、使令得宜，未必不能以一顶多。人数太多会导致仆人们互相推诿，对他们施恩培养肯定不能周全，教育训导也肯定不能面面俱到，反而不能人尽其才。况且，仆人们如果赶上家道兴盛，就会仗势胡作非为、惹是生非。如果赶上家道衰落，就会飞扬跋扈、卖主求荣。这都是必然之事。我想要各位家仆都能掌握些养家糊口的本事，这样可以防止他们养成游手好闲、不劳而获的毛病，不至于干吃闲饭、胡作非为。选仆人一定不要择取那些机灵聪慧的。我们居家做官，都讲究简约沉静、守信讲理，不会做见不得人的勾当。衙门里的政务，要亲自处理，不要烦劳能干的仆人去与豪门周旋、跑腿走关系、处理机密事、奔走权贵家等等。我们所需要代劳的，不过是奔走侍奉、洒扫庭院、搬运重物、跑腿通信之类的事情，哪里用得着聪明才智啊！那些在山中耕地种菜的仆人，才是真正的宝贝。他们没有贪婪的欲望，也没有什么聪明才智，不会为主人招惹怨恨，就算是不守规矩，也不过些懒惰、愚蠢之类的小毛病，不必刻意防备他们，这不是更有助于主人享受安闲的生活吗？

简评

人们总是容易被看似聪明、机灵、善于表达的人吸引，在人群中他们能够得到更多的关注和夸赞。因此，作为父母，如果自己的孩子沉默、内向，甚至略显木讷，我们便忧心如焚，暗自感觉已不如人。

其实呢，"唯德学，唯才艺，不如人，当自砺"。只要孩子品质纯良，就应该知足。因为寡言少语也便省却了祸从口出的危险，内向沉稳反而造就了内心世界的丰富。大智若愚的孩子呢，肯定是更被人信任啊！上天总是公平的，看似是缺点，也仅仅是看似而已。塞翁失马，焉知非福？

做任何事情，都要讲究方式方法

| 原文 |

龙眠芙蓉溪，吾朝夕梦寐所在也。垂云沜^①天然石壁，上倚青山，下临流水，当为吾相度可亭之地，期于对石枕流。双溪草堂前，引南北二涧为两池，中一闸相通，一种莲，一种鱼。制扁舟容五六人，朱栏翠楔，兰桨桂棹。从芙蓉溪亭登舟，至舣舟亭登岸。襟带吾庐，汝归当谋疏凿，阔处十二丈，窄处二三丈，但可以行舟。汝兄弟侄，轮日督工，于九月杪^②从事，渠成以报吾。堂轩基址，预以绳定之，以俟异日。

临河有大石，土人名为獾洞。此地相度亭子，下临澄潭，四围岭岫，既旷然轩豁，亦窈然幽深，其旁当种梅柳，以映带之，亦此时事也。向来梅杏桃梨之属，种植者亦不少矣，使皆茂达，尽可自娱。此时浇溉、修治、扶植、去草为急。仆人纸上之树日增，园中

---

① 垂云沜：龙眠山地名。沜，音 pàn，古同"畔"，此处为地名用字，未做改动。

② 月杪：杪音 miǎo，月末。

之树日减，汝当为吾稽察之。树不活与不种同。山中须三五日静坐经理，晨入暮归，不如其已也！可与兄弟侄言之。

——张英《聪训斋语》

| 译文 |

　　龙眠山的芙蓉溪，是我梦寐以求的地方。垂云沜是一片天然形成的崖壁，背靠青山，下临溪水，是我考虑可以建造亭阁的地方，希望将来能在这里实现亲近山水的梦想。把南北两条溪水从双溪草堂前面引来，蓄水形成两块池塘，中间用一道闸门连接，一个池塘种莲，一个池塘养鱼。再造一只可容五六人的小船，设置朱红色的栏杆、翠绿色的窗格，配上桂木、兰木制作的船桨。游玩时可以从芙蓉溪亭登船，游玩一圈到舣舟亭登岸。水系要像衣带一样环绕房舍，你回去后就谋划开凿疏通，宽阔的地方十二丈，狭窄的地方二三丈，只要可以行舟通过即可。你们兄弟还有我那些侄儿，轮流值班督工，九月底开工，水渠修好了告诉我。厅堂长廊的地基，要预先测量确定好，等待吉日开工。

　　临河的地方有块大石，本地人叫作獾洞。这里也可以建造一座亭阁，下临清澈的潭水，四面群峰环抱，既空旷开阔，又深远幽静，旁边种些梅树、柳树，使亭阁和树木相互掩映，这也是当下要做的事。梅树、杏树、桃树、梨树这些树木，向来有不少人种植，把它们养护得枝繁叶茂，也可以此自娱。眼下浇溉、修治、扶植、去草是当务之急。仆人们记录的树木越来越多，园里实际成活的树木却越来越少，你们要为我检查了解清楚。树木种下去养不活和不种一个样。这些事情需要专门拿出三五天在山里打理，早晨出门傍晚回来属实辛苦，不如就先这样，到时再说吧！可把这些话转告你兄弟和我那些侄儿。

简评

圃翁看似絮絮叨叨交代家事，实则是在教育子孙做事的方法。

"凡事预则立，不预则废。"只有做好规划，把困难想在前面，行动起来才能游刃有余，逢山开路，遇水架桥。等到开始做事，就一定要克服万难，最忌畏难不前，更忌半途而废，拼尽全力才能不留遗憾。事情完成并非一了百了，还要总结经验，反思教训，只有举一反三，才能在一次又一次的实践中，一次有一次的长进，一次有一次的超越。

09

出身优渥的孩子更需要努力

| 原文 |

　　古称仕宦之家，如"再实之木，其根必伤"①。旨哉斯言，可为深鉴。世家子弟其修行立名之难，较寒士百倍。何以故？人之当面待之者，万不能如寒士之古道②。小有失检，谁肯面斥其非？微有骄盈，谁肯深规其过？幼而骄惯，为亲戚之所优容。长而习成，为朋友之所谅恕。至于利交而谄，相诱以为非，势交而诀，相倚而作慝③者，又无论矣。人之背后称之者，万不能如寒士之直道。或偶誉其才品，而虑人笑其逢迎。或心赏其文章，而疑人鄙其势利。甚至吹毛索瘢④，指摘其过失而以为名高，批枝伤根，讪笑其前人而以为痛快。至于求利不得而嫌隙易生于有无，依势不能而怨毒相形于荣悴者，又无论矣。故富贵子弟，人之当面待之也恒恕，而背后责之也恒深。如此，则何由知其过失，而显其名誉乎？

---

① 大意为：一年内两次结果的树木，根部必然会有所损伤。
② 古道：古代信实纯朴的道德风尚。
③ 慝：音 tè，邪恶、罪恶。
④ 吹毛索瘢：即吹毛求疵。

故世家子弟，其谨饬如寒士，其俭素如寒士，其谦冲小心如寒士，其读书勤苦如寒士，其乐闻规劝如寒士，如此则自视亦已足矣，而不知人之称之者，尚不能如寒士。必也谨饬倍于寒士，俭素倍于寒士，谦冲小心倍于寒士，读书勤苦倍于寒士，乐闻规劝倍于寒士，然后人之视之也，仅得与寒士等。今人稍稍能谨饬俭素，谦下勤苦，人不见称，则曰："世道不古，世家子弟难做。"此未深明于人情物理之故者也。

我愿汝曹常以席丰履厚为可危可虑、难处难全之地，勿以为可喜可幸、易安易逸之地。人有非之责之者、遇之不以礼者，则平心和气思所处之时势，彼之施于我者应该如此，原非过当。即我所行十分全是，无一毫非理，彼尚在可恕，况我岂能全是乎？

——张英《聪训斋语》

| 译文 |

古人说官宦世家，就像一年内两次结果的树木，根系必然有所损伤。这句话很精辟，你们可以细细体会。世家子弟修身立行成名成家，比照贫寒子弟要难百倍。为什么呢？当面时，人们对他远不如对贫寒子弟真诚古朴。有小的过失，谁肯当面斥责他的不对？稍有骄傲自满，谁肯认真规劝他痛改前非？小时候娇生惯养，被亲戚们纵容溺爱。长大了习惯养成，又被朋友们谅解宽恕。至于那些为了利益而与之结交，引诱他做坏事，为了权势而与之

结交，依靠他为非作歹之类的情况，就不用说了。背后时，人们称赞世家子弟也远不如称赞贫寒子弟直截了当。有人偶尔赞誉世家子弟的能力人品，也会担忧旁人嘲笑自己溜须拍马。有人欣赏世家子弟的笔下文章，也会疑虑旁人鄙视自己趋炎附势。甚至还会有人吹毛求疵，通过指摘世家子弟的过失博取清高的名声。有时批评犹嫌不够，还要逞一时之快，侮辱世家子弟的祖先。至于那些想得利没如愿就因微小得失而猜忌隔阂，或者想仗势没得逞就归咎于身份地位差距而心生怨恨的情况，就更不用说了。所以富贵人家的子弟，人们当面对他很宽容，背后苛责却很严重。这样一来，他们从哪里知晓自己的过失、显扬良好的名声呢？

所以，世家子弟即便像贫寒子弟一样谨慎检点，像贫寒子弟一样节俭朴素，像贫寒子弟一样谦虚小心，像贫寒子弟一样勤奋读书，像贫寒子弟一样乐听规劝，自我感觉已经做得足够好，却不知道人们对他们的赞誉仍然比不上贫寒子弟。必须比贫寒子弟加倍谨慎检点，加倍节俭朴素，加倍谦虚小心，加倍勤奋读书，加倍乐听规劝，旁人看起来，也才能刚刚比得上贫寒子弟。现在的人稍稍谨慎检点、谦逊努力，只要不被人称赞，就说："世道不古，世家子弟难做。"这是没有深刻地理解人情世故。

我希望你们常常把优渥的生活条件当成是身处危机、让人忧虑、难以安享保全的境遇，而不是当成让人欢喜、让人庆幸、易于安享、倍感安逸的境遇。遇到非难指责和不以礼相待的人，要平心静气地思考对方的处境，想到他们那么对待我理应如此，本来也不过分。即使我的所作所为万分正确，没有一丝一毫过失，他们的作为也可原谅，何况我们哪能做到十全十美呢？

出身是无法选择的，但是后天的境遇是可以通过努力改变的。出身优渥，是命运的眷顾，人生的起点已经高出寒士。倘若能够顺势而为，那成名成家就有希望。可是，养尊处优又是一把双刃剑，如果不懂珍惜，也难免陷入温水煮青蛙的困境，丧失进取的斗志，赢了起跑线，却输在终点线。

除去更须努力，衣食无忧的孩子一定要涵养宽广的心胸，努力包容条件不如自己的亲友甚至是路人。不为衣食操劳，而能安心读书、做事，命运偏爱若此，听几句自己不爱听的话算什么，接受几件自己不乐意的安排算什么，让一让或者忍一忍又算得了什么？且不说生而不同的现实会让社会充满戾气，就算是单从修身养性出发，接受这样的现实，也是一堂人生必修课啊！

10

从少年到青年，
把握人生与学业的关键时期

| 原文 |

子弟自十七八以至廿三四，实为学业成废之关。盖自初入学至十五六，父师以童子视之，稍知训子者，断不忍听其废业。惟自十七八以后，年渐长，气渐骄，渐有朋友，渐有室家，嗜欲渐开，人事渐广，父母见其长成，师傅视为侪辈，德性未坚，转移最易，学业未就，蒙昧非难。幼年所习经书，此时皆束高阁。酬应交游侈然大雅，博弈高会自诩名流。转盼廿五六岁，儿女累多，生计迫蹙，蹉跎潦倒，学殖荒落。予见人家子弟半涂而废者，多在此五六年中，弃幼学之功，贻终身之累，盖覆辙相踵也。汝正当此时，离父母之侧，前言诸弊，事事可虑。为龙为蛇，为虎为鼠，分于一念。介在两岐，可不慎哉，可不畏哉！

——张英《聪训斋语》

译文

孩子们从十七八岁到二十三四岁，实在是学业成败的重要关口。从入学到十五六岁，父母师长把他们当成小孩看待，稍微了解一些教育方法的人，断然不会听任他们荒废学业。只是等到十七八岁以后，年龄逐渐增长，心气逐渐傲慢，慢慢有了朋友，慢慢有了家室，逐渐养成很多嗜好，社交逐渐广泛，父母把他当成大人，老师把他当成同辈，但是他们的品德性格仍未定型，容易发生改变，学业没有完成，也容易受到蒙骗。幼年学习的经书，这时都被束之高阁。与人交往应酬自命风雅，忙于聚会娱乐自诩名流。转眼到了二十五六岁，儿女渐多，生活窘迫，一事无成，失意潦倒，学业荒废。我见别人家孩子学业半途而废，多半在这五六年间，抛弃幼年的学习基础，造成终身拖累，这样的悲剧一再重演。你们正在这个年纪，远离父母陪伴，前面说的弊端，件件让人担忧。以后你们成龙还是成蛇，成虎还是成鼠，就是一念之差。处在人生的岔路口上，哪能不谨慎，哪能不畏戒啊！

简评

"小时了了，大未必佳"指小时候聪明，长大了未必有才华。有人说，小时候求学比的是天赋，比的是家长，长大后求学比的是努力，比的是勤奋。这和圃翁的话不谋而合。

这些逆袭的故事给我们和孩子两个启示：一则小时候学业优秀不要骄傲，人生的赛道上，大家才刚刚起步，一时领先算不了什么，谁笑到最后，谁才是笑得最好；二则即使眼下学业不如人意，也不要放弃希望，保持努力和勤奋，可以弥补禀赋的不足，可以追赶落下的进度，甚至可以弯道超车。

　　所以，面对不尽如人意的现状，父母要保持希望，孩子也要保持信心。

11

让孩子积极参与家庭事务

| 原文 |

　　人家子弟，每年春秋，当自往庄细看，平时无事，亦可策蹇一往。然徒往无益也。第一，当知田界。田界不易识也，令老农指视一次，不能记而再三，大约五六次便熟。有疑处便问之，勿以曾经问过嫌于再问，恐被人讥笑则终身不知矣。第二，当察农夫用力之勤惰、耕种之早晚、畜积之厚薄、人畜之多寡、用度之奢俭，善治田以为优劣。第三，当细看塘堰之坚窳①浅深，以为兴作。第四，察山林树木之耗长。第五，访稻谷时值之高下。期于真知确见。若听僮仆之言，深入茅檐，一坐一饭一宿，目不见田畴，足不履阡陌，僮仆纠诸佃人，环绕喧哗，或借种稻，或借食租，或称塘漏，或称屋倾，以此恫喝主人，主人为其所窘，去之惟恐不速，问其疆界则不知，问其孰勤孰惰则不知，问其林木则不知，问其价值则不知。及入城遇朋友，则彼揖之曰："履亩归矣？"此笑之曰："循行阡陌回矣！"主人方自谓："吾从村庄来，劳苦劳苦！"呜呼，何益之有

----

① 窳：音 yǔ，粗劣。

哉！此予少年所身历者，至今悔之。大约人家子弟，最不当以经理田产为俗事鄙事而避此名，亦不当以为故事而袭此名。细思此等事，较之持钵求人，奔走啜嚅，孰得孰失，孰贵孰贱哉？

——张英《恒产琐言》

| 译文 |

　　家中子弟，每年春季秋季，应该前往田庄认真察看，平时无事，也可以骑驴前往。但是光跑一趟也没有什么用处。第一，要知道田界。田地的边界不容易辨识，可以让老农指认一次，记不住就多认几次，大约五六次就熟悉了。有疑问的地方就开口问，不要因为曾经问过就羞于再问，害怕被人讥笑就可能一辈子都不知道。第二，应该察看农夫干活是勤是懒、耕种是早是晚、积肥是厚是薄、人畜是多是寡、用度是奢是俭等等情况，以是否善于耕田评判优劣。第三，细心察看水塘围堰的质量和深浅，根据情况决定如何处理。第四，察看山林里树木的生长情况。第五，了解稻谷价格的高低。希望能够亲眼所见，确实了解真实情况。如果听信僮仆的话，去了就进屋，进屋就坐下、吃饭、睡觉，眼不见田地，脚不踩田垄，僮仆召集佃户，围着田主喧哗吵嚷，有人要借种子，有人要借田租，有人说池塘漏水，有人说屋舍倾颓，以此吓唬田主，田主被他们围逼，想逃跑都来不及，问田界在哪不知道，问哪个农夫勤快不知道，问林木长势情况也不知道，问粮价几何同样不知道。等回城见到朋友，对方作揖问道："察看田地回来了啊？"身边的人笑着说："嗯，顺着田地走了一圈回来了！"田主跟着说："我从村庄过来的，真的辛苦。"哎呀，有什么用啊！这些都是我少年时亲身经历的事，至今感到后悔。大概家中子弟，最不应该认为经理田产是粗俗卑贱的事而躲避，也不要仅仅因为这是先例就因循为之。细想一下，亲自经理田产比起捧着饭碗求人，奔走四方低声下气讨饭，哪种好哪种坏，哪种贵哪种贱啊！

简评

　　世上哪有那么多容易事，就算是巡察自家田地，也得顶风冒雨走一遍，也有言语交锋和吃喝应酬，也难免走马观花，被蒙蔽、被欺骗。圃翁的对策是教导后辈一定要"期于真知确见"，一二三四五罗列关键，这样走一遭田产的情况才能了然于胸。

　　父母从小就教导孩子"自己的事情自己做"，他们自己却往往做不到。凡事假手于人，永远难以得到第一手的真实信息；接收别人加工筛选过的信息，永远难以对事情做最合理的判断。亲力亲为是最累的，但是累身不累心，心里是最踏实的。

　　父母教导孩子的话，自己要首先做到啊！

12

耕读传家久，诗书继世长

人家"富""贵"两字，暂时之荣宠耳。所恃以长子孙者，毕竟是"耕""读"两字。

子弟有二三千金之产，方能城居。何则？二三千金之产，丰年有百余金之入，自薪炭、蔬菜、鸡豚、鱼虾、醯醢①之属，亲戚人情、应酬宴会之事，种种皆取办于钱。丰年则谷贱，歉年谷亦不昂，仅可支吾，或能不至狼狈。若千金以下之业，则断不能城居矣。何则？居乡则可以课耕数亩，其租倍入，可以供八口，鸡豚畜之于栅，蔬菜畜之于圃，鱼虾畜之于泽，薪炭取之于山，可以经旬屡月，不用数钱。且乡居，则亲戚应酬寡，即偶有客至，亦不过具鸡黍。女子力作，可以治纺绩，衣布衣，策蹇驴，不必鲜华。凡此皆城居之所不能。且耕且读，延师训子，亦甚简静。囊无余畜，何致为盗贼所窥？吾家湖上翁②子弟，甚得此趣。其所贻不厚，其所度日皆较之

---

① 醯醢：音 xī hǎi，泛指佐餐的调料。
② 湖上翁：指张英二哥张载，字子容，所以张英称其为"吾家"。明亡后，其隐居乡下，三十余年不入城。

城中数千金之产者，更为丰腴。且山水间优游俯仰，复有自得之乐而无窘迫之忧，人苦不深察耳。

果其读书有成，策名仕宦[1]，可以城居则再入城居。一二世而后，宜于乡居，则再往乡居。乡城耕读相为循环，可久可大，岂非吉祥善事哉！况且世家之产，在城不过取额租，其山林湖泊之利所遗甚多，此亦势不能兼。若贫而乡居，尚有遗利可收，不止田租而已，此又不可不知也。

——张英《恒产琐言》

译文

对一个家庭而言，"富""贵"两个字，不过是暂时的荣耀而已。子孙赖以成长的，终究还是"耕""读"二字。

家中子弟能有二三千两银子资产，方能在城中居住。为什么呢？有二三千两银子的资产，丰收的年景就能有百余两银子的收入，家中柴炭、蔬菜、鸡猪、鱼虾以及油盐酱醋之类，亲戚人情、应酬宴请等事，都可以从中支取。丰收之年稻谷价低，歉收之年稻谷价格也不高，仅能应付家用，只是不至于太狼狈罢了。如果家中只有不到千两银子的资产，那断然不可在城中居住。为什么呢？居住在乡下可以自己耕种几亩地，还能有几倍于自己收

---

[1] 策名仕宦：指通过科考做官。

成的田租，这些收入可以供养一个八口之家，鸡猪可以自己在圈中蓄养，蔬菜可以自己在园子种植，鱼虾可以自己在池塘养殖，柴火可以自己从山中获得，很久都不用花钱。而且居住在乡下，亲戚来往和人际应酬就少，即使偶尔有客人到访，也不过是杀鸡备饭就可以。家中的女子可以亲自动手，纺织布匹、制作衣服，出门可以骑驴，不必光鲜亮丽。这些都是居住在城里做不到的。一边耕田一边读书，延请老师教育子女，也很简单清静。口袋里没有什么积蓄，怎么会被盗贼惦记？我们家湖上翁的子孙，就深得田居之趣，湖上翁给他们的遗产并不丰厚，但是他们的吃穿用度比城里有千两银子资产的人家，还要更加富足。在山水田园间可以自由自在，自得其乐，却没有生活窘迫的烦忧，可惜人们对此没有深刻的认识。

如果读书有成，能够科考为官，能进城居住时再进城不迟。一二代之后，子孙适宜乡下居住，就再回乡下居住。乡下与城中，耕作与读书相互循环，可以保持长久和兴盛，这难道不是吉祥的大好事吗？况且世家的资产，人在城中居住就只有固定数目的租金收入，山林湖泊的收益会失去很多。这也是无法兼顾的事。如果因为家贫而居住在乡下，还能有些其他收益，不止田租而已，这也是不可不知的事。

与大人相比，孩子更向往乡间。为什么？

举目苍翠、鸟虫鸣响，瓜果满树、花草飘香，他们在这里过得自然。日出而作，日落而息，无人烦扰，不用早起，他们在这里过得自我。"东壁图书西园翰墨，南华秋水北苑春山"，没有补习，也没有作业，他们在这里还能自得其乐。

这是多么惬意的生活！何况就像圃翁所说"山林湖泊之利所遗甚多"，乡间鲜蔬瓜果价低质优，少不少花销，得不少好处，多美啊！

理财篇

有恒产者有恒心

扫码免费领取 6 张理财活动卡
立即带孩子一起实践
名门宰相的财富智慧

01

为什么要从小教孩子学会理财？

| 原文 |

　　三代而上，田以井授①。民二十受田，六十归田。尺寸之地，皆国家所有，民间不得而私之。至秦以后，废井田，开阡陌②，百姓始得私相买卖。然则三代以上，虽至贵钜富，求数百亩之田贻子及孙不可得也，后世既得而买之矣！以乾坤之大块、国家之版图，听人画界分疆，立书契、评价值而鬻之。县官虽有易姓改氏，而田主自若。董江都③诸人，亦愤贫者无立锥之地，而富者田连阡陌，欲行限民名田④之法，立为节制，而不果行。其乃祖乃父以一朝之力而竟奄有之，使后人食土之毛，善守而不轻弃，则子孙百世，苟不至经

---

① 田以井授：指井田制，井田制是将土地划分为一里见方的地块，形如"井"字，中间一块为公田，周围八块为私田。
② 开阡陌：指商鞅变法后，政府允许人民开垦无主荒地，自由买卖土地，此处代指土地由公有变为私有。
③ 董江都：指西汉大儒董仲舒。
④ 限民名田：限制私人占有的田地数量。

变乱，亦断不能为他人之所有。呜呼！深念及此，其可不思所以保之哉！

——张英《恒产琐言》

| 译文 |

夏、商、周三代以前，国家实行井田制。人民年满二十岁就可以分到田地，年满六十岁再把田地交还国家。再小的土地，都属于国家，人民不能私有。秦国商鞅变法以后，井田制被废除，政府允许开垦无主田地，百姓才开始私下买卖。即使如此，三代以前纵使是至贵巨富，想要买入数百亩田地留给子孙也是不可能的，后世的人却能如愿买到！天地间的田地、国家的疆土，就这样被人任意划界分割后，订立契约、估算价值卖掉了。当地的县官会不断轮转换人，而田地的主人却能保持不变。西汉董仲舒等人，也对贫穷者无立锥之地、富贵者田连阡陌的情况非常愤恨，想要施行限制私人占有田地的方法，定为法律，但最终没有实现。家中的祖辈父辈以自己的力量获得大片田地，使后人得以享受收益。一定要悉心守护不轻易丢弃，假如没有世道更迭和战乱，那么历经子孙百代也不会被他人占有。哎呀！深刻理解了这一切，怎么会不想着保全守护田地呢！

　　田地对古代读书人有多么重要？求取功名时，田地供给他们衣食所需；仕进无望时，田地为他们提供可靠退路；阅尽千帆后，田地还能承载归来少年的初心和乡念。

　　古代人对孩子的期望，除了用功读书，就是保守家业。时代的变化让现代人，尤其是孩子们难以切身体会田地的重要。但是现代人同样需要田地一样可靠的经济来源，田地一样踏实的生活保障，田地一样坚实的物质基础。对孩子的财富教育应是教育中的重要一环。

02

经济学原来这么重要

| 原文 |

　　有客问予曰："士大夫好言学问、经济，而往往失之偏，其为患孰甚？"予曰："学问失之偏，不过一胶柱鼓瑟①之人耳，其患在一己；若经济失之偏，苟得志，则民生吏治皆受其病，为患甚大，不可同日语也。"然经济之偏，亦自学问之失来。

——张廷玉《澄怀园语》

| 译文 |

　　有人问我说："士大夫喜欢谈论学问和经济，但往往观点偏颇，如果对两者的观点都失之偏颇，哪一种危害更大？"我说：

---

① 胶柱鼓瑟：鼓瑟时用胶粘住瑟上弦的弦柱，使瑟无法调整音高。比喻固执拘泥，不懂变通。

"学问偏颇，导致的结果不过是多了一个不懂变通的人罢了，危害的是他自己；如果在经世济民的问题上偏颇了，假如这个人得志，那国计民生和官场吏治都会受其危害，祸患巨大，两者不可同日而语。"当然，经世济民的学问偏颇，说到底也是学问没有做好的缘故。

简评

　　经济经济，经世济民之学也。人活于世，每个人都离不开经济。而经济，是一门实践科学。很多孩子直到离开父母，才真正开始自己经手钱财，这导致他们要么对柴米油盐的价格毫无概念，常常闹些"何不食肉糜"之类的笑话；要么"不当家不知柴米贵"，挥霍无度，常常入不敷出。

　　孩子早些接触钱财有益无害，不但能够丰富他们的视野，建立对物价的正确认知，锻炼自理自立的能力，也可以稍稍体会缺钱少财的困窘，体会"一分耕耘，一分收获"的道理，激励他们为了过上更好生活而努力。可谓一举多得。

03

谋生和自立能力要从小培养

| 原文 |

　　人家子弟从小便读《孟子》，每习焉而不察。夫孟子以王佐之才，说齐宣、梁惠，议论阔大，志趣高远，然言病虽多端，用药止一味，曰"有恒产者有恒心"①而已，曰"五亩之宅""百亩之田"②而已，曰"富岁，子弟多赖"③而已，重见叠出。一部《孟子》，实落处不过此数条，而终之曰"诸侯之宝三，土地"④。又尝读《苏长公集》，其天才横轶，古今无俦匹，宜若不屑屑生计者。《游金山》之诗曰"有田不去如江水"⑤，《游焦山》之诗曰"无田不去宁非贪"⑥，

---

① 语出《孟子·滕文公上》，意为"有固定产业的人，才能保持道德水准和行为准则"。
② 语出《孟子·梁惠王上》"五亩之宅，树之以桑，五十者可以衣帛矣""百亩之田，勿夺其时，数口之家可以无饥矣"两句。
③ 语出《孟子·告子上》，意为"丰收年成，少年子弟多半懒惰"。
④ 语出《孟子·尽心下》"诸侯之宝三：土地，人民，政事"一句。
⑤ 指苏轼《游金山寺》诗，原文为"有田不归如江水"。"如江水"是古人起誓所说的话，本句意为：假如家中有田我却不回乡归隐，就让我如同那一去不回的江水一样！
⑥ 指苏轼《自金山放船至焦山》诗，原文为"无田不退宁非贪"，意为：没有购置田地就因此不回乡退隐，难道不是贪婪吗？

其《题王晋卿〈烟江叠嶂图〉》诗[1]亦曰"不知人间何处有此境，径欲往买二顷田"。可知此老胸中，时时有此一段经画。生平欲买阳羡之田，至老而其愿不偿。今人动言"才子""名士""伟丈夫"，不事家人生产，究至谋生无策，犯孟子之戒而不悔，岂不深可痛惜哉！

——张英《恒产琐言》

┃译文┃

　　人家子弟从小就阅读《孟子》，经常学习却不思考。孟子以辅佐帝王的非凡才能，游说齐宣王、魏惠王。他的议论视野宽广、志趣高远，指出的问题虽然很多，开出的"处方"却只有一个，就是所谓"有恒产者有恒心"罢了，就是"五亩之宅""百亩之田"罢了，就是"富岁，子弟多赖"罢了，相同的意见反复出现。一部《孟子》，有实际意义的观点不过就是这几条，最终也就是落到"诸侯之宝三：土地，人民，政事"上。我们都读过《苏东坡集》，东坡先生才华横溢，古往今来无人匹敌，似乎是不食人间烟火的人。他的《游金山寺》诗中说"有田不去如江水"，他的《自金山放船至焦山》诗中说"无田不去宁非贪"，他的《题王晋卿〈烟江叠嶂图〉》诗中也说"不知人间何处有此境，径欲往买二顷田"。由此可知这位老先生心中，一直有购田置业

---

[1] 指苏轼《书王定国所藏〈烟江叠嶂图〉》诗。

的谋划，一辈子都想在阳羡买田，到死也没能如愿。今天的人动辄自诩"才子""名士""伟丈夫"，却不管家人、不事生产，最终导致谋生无门，违背孟子的告诫却不知悔改，难道不值得深深痛惜吗？

简评

　　人生天地间，食饱穿暖是基本需求。很多孩子，衣来伸手、饭来张口，总觉这如同呼吸一样简单自然，却不懂得即使是粗茶淡饭，也要辛劳付出。

　　圃翁提倡，孩子要早早接受"保田""守田"的知识，要深入田间地头，接受劳动教育。这个方法，对今天教子仍有很强的借鉴意义。让孩子见识农业生产，孩子才能体会粮食宝贵；让孩子体会劳作，孩子才能体会生产之难。千言万语不如躬身实践，创造机会让孩子走出去，是改变和成长的第一步。

04

一粥一饭，当思来之不易

今人家子弟，鲜衣怒马，恒舞酣歌。一裘之费，动至数十金；一席之费，动至数金。不思吾乡十余年来谷贱，竭十余石谷，不足供一筵；竭百余石谷，不足供一衣。安知农家作苦，终年沾体涂足，岂易得此百石？况且水旱不时，一年收获不能保诸来年。闻陕西岁饥，一石价至六七两。今以如玉如珠之物，而贱价粜之，以供一裘一席之费，岂不深可惧哉？古人有言："惟土物爱，厥心臧。"[①] 故子弟不可不令其目击田家之苦，开仓粜谷时，当令其持筹。以壮夫之力，不过担一石，四五壮夫之所担，仅得价一两。随手花费，了不见其形迹，而己仓庾空竭矣！便稍有知觉，当不忍于浪掷。奈何深居简出，但知饱食暖衣，绝不念物力之可惜，而泥沙委之哉！

——张英《恒产琐言》

---

① 语出《尚书·酒诰》，大意为"爱惜土地所生之物，心地会变得良善"。

如今有些年轻人，服饰豪奢，骑高头大马，沉迷于莺歌燕舞。一件皮衣的花费，动辄数十两银子；一顿酒席的花费，动辄数两银子。也不想想我们家乡十余年来稻谷价格低贱，出售十余石稻谷的收入，不够一桌饭钱；出售百余石稻谷的收入，不够买一件皮衣。他们哪里知道农家耕作的辛苦，终年脚踩泥巴、泥里水里，收获百石粮食哪有那么容易？况且不时有水灾旱灾，一年丰收也不能保证来年收成。听说今年陕西闹饥荒，一石米的价格能到六七两银子。现在把珠玉一样珍贵的东西贱价卖出，作为一件皮衣、一顿酒席的花费，难道不是特别可怕的事情吗？古人说："爱惜土地所生之物，心地会变得良善。"所以不能不让年轻人亲眼见识农家耕作之苦，开仓卖粮时，也要让他们现场参与。一个强壮的农夫，只能挑一石粮食，四五个强壮农夫挑来的粮食，仅能卖得一两银子。如果把钱随手花费，还没看到花在哪儿，家里的粮仓就已经空了！即使对此稍有认知，也应该不忍心奢侈浪费。只可惜平素居住在深宅大院，只知道吃饱穿暖，却一点也不懂得珍惜物力，把钱财像泥沙一样挥霍，真是令人叹息！

简评

总有人觉得节俭教育过时了，养儿养女就应该给予他们最好的。父母之心，当然可以理解。可是一味溺爱，未必是好事，孩子容易骄奢淫逸自不必说，凡事得来容易就不懂珍惜才可怕。

不妨如圃翁所说，安排些实践课程，让孩子们亲自到田间地头走一走。只有目击劳作之难，体会劳作之苦，才不会想当然认为万事得来容易，才能真正懂得珍惜、学会节俭。古人说"爱惜土地所生之物，心地会变得良善"，节俭不单是一种习惯，还是一种修身养性的方式。

05

过日子应该居安思危、量入为出

| 原文 |

　　吾贻子孙，不过瘠田数处耳，且甚荒芜不治，水旱多虞。岁入之数，谨足以免饥寒、畜①妻子而已，一件儿戏事做不得，一件高兴事做不得。生平最喜陆梭山过日治家之法，以为先得我心，诚②仿而行之，庶几无鬻③产荡家之患。予有言曰："守田者不饥。"此二语④，足以长世，不在多言。

——张英《聪训斋语》

---

① 畜：音 xù，蓄养。
② 诚：连词，表假设。
③ 鬻：音 yù，卖。
④ 指前文"读书者不贱"和本文"守田者不饥"两句。

　　我留给子孙的财产，不过是几处贫瘠的土地，且杂草丛生缺乏整治，时常让人担忧发生水旱灾害。土地每年收获的粮食，仅能保证免受饥寒和供养妻儿，一件游戏的事做不得，一件享乐的事也做不得。我生平最喜欢陆九韶治家过日子的方法，感觉先生的做法深得我心，假如仿照去做，或许就不会有倾家荡产的忧患了。我还说过："守田者不饥。"这两句话，足以经世长存，不必再说其他话了。

简评

　　　　南宋陆九韶先生过日子的方法，被很多人推崇并流传至今。陆家是世家大族，并无衣食之忧，陆先生的居家理财之法，并非单为精打细算，还体现出一种居安思危、量入为出的人生态度。

　　　　物质生活的丰富，并不意味着节俭品格已经过时。家用无缺，并不意味着可以忽视理财的重要。节俭和理财，逆境时可助你早日脱困，顺境时可助你立身立品。这种态度和方法，对当下衣食无缺的青少年，更有特别的教育意义。

06

一个人懂得节俭，全家就会富足

| 原文 |

　　谭子《化书》^①训"俭"字最详。其言曰："天子知俭，则天下足；一人知俭，则一家足。且俭非止节啬财用而已也。俭于嗜欲，则德日修，体日固；俭于饮食，则脾胃宽；俭于衣服，则肢体适；俭于言语，则元气藏而怨尤寡；俭于思虑，则心神宁；俭于交游，则匪类远；俭于酬酢，则岁月宽而本业修；俭于书札，则后患寡；俭于干请，则品望尊；俭于僮仆，则防闲省；俭于嬉游，则学业进。"其中义蕴甚广，大约不外于葆啬之道。

　　东坡千古才人，以百五十钱为一块，每日只用画权^②挑取一块，尽此钱为度，决不用明日之钱。汝辈中人，可无限制？陆梭山训居家之法最妙：以一岁所入，除完官粮外，分为三分，存一分以为水旱及意外之费，其余二分析为十二分，每月用一分，但许存余，不许过界。能从每日饮食杂用加意节省，使一月之用常有余，别置一

---

① 《化书》：五代谭峭（即谭子）著作。
② 画权：雕刻有图案的古代家用器物，用以挑取或悬挂物品。

处，不入经费，留以为亲戚友朋小小周济缓急之用，亦远怨积德之道，可恃以长久者也。

居家治生之理，《恒产琐言》备之矣。虽不敢谓"圣人复起，不易吾言"，其于谋生，不啻左券①。总之，饥寒由于蠹产，蠹产由于债负，债负由于不经。相因之理，一定不易，予视之洞若观火。仕宦之日，虽极清苦，毕竟略有交际，子弟习见习闻，由之不察。若以此作田舍度日②之计，则立见其仆蹶，不可不深长思者也。人生俭啬之名，可受而不必避。世俗每以为耻，不知此名一噪，则人绝觊觎之想。偶有所用，人即德之，所谓以虚名而受实益，何利如之？

——张英《聪训斋语》

┃译文┃

谭峭先生所著的《化书》讲解"俭"字最为详尽。书中说："天子懂得节俭，天下就会富足；一个人懂得节俭，全家就会富足。而且，节俭不单单是指在财用方面节约。在欲望方面节制，品德会越来越好，身体会日益强健；在饮食方面节制，脾胃就会舒畅；在服饰方面节制，肢体就能舒适；在言语方面节制，能够

---

① 左券：古代的契约分为左右两片，由债权人和债务人分持，债权人持有左半部分，称为左券，是索债的凭据。此处比喻《恒产琐言》是居家生活的凭据。
② 田舍度日：代指像普通百姓一样生活。

涵养元气、减少怨恨责怪；在思虑方面节制，就能心神安宁；在交往方面节制，就能远离恶人；在应酬方面节制，就能节省时间、专修本业；在书信方面节制，就能减少言语过失、少生祸害；在请托办事方面节制，人品声望就会日渐尊崇；在使用僮仆方面节制，家中需要防备和约束的事情就会减少；在嬉戏玩乐方面节省，学业就能日益精进。""俭"字蕴含的道理非常广泛，大体上都是在说爱惜自身的方法。

苏轼先生是千古一见的有才之人，他以一百五十钱为一份，每天用画杈挑取一份，花销以这一百五十钱为限度，绝对不用第二天的钱。你们都是普通人，难道可以无限度地花销吗？南宋陆梭山先生教导家人用度的方法最为巧妙：把一年交完赋税后的收入分为三份，存一份作为防范水旱灾害和各种意外的储备金，其余两份再十二等分，每月使用其中之一，每月只允许有结余，不允许超支。努力从每日的饮食杂用中节省，使每月有所结余，再把结余单独放置一处，不和家庭日用支出混在一起，用以周济亲戚朋友以及应付不时之需，这也是远离怨恨、积德行善的方法，可以作为长久的持家之道。

居家生活和经营家业的方法，《恒产琐言》已经讲得很完备。虽然我不敢说"即使是圣人重生，也不能改变我说的话"，但是对居家谋生，它无疑是重要依据。总之，衣食无着是由于欠债难还，欠债难还是由于变卖家产，变卖家产是由于不加经营。这种因果关联，一定不会改变，我观察得清清楚楚。为官之日，虽然十分清苦，毕竟还略有交际，不至于衣食困顿，家中子弟对现在的吃穿度用习以为常，察觉不到我这些话的意义。如果还用这样的方式去过普通百姓的日子，那家庭马上就会颓败，你们不可不深谋远虑。人生节俭的名声，可以坦然接受，不必刻意逃避。世人常常以此为耻，但是他们不知道，这样的名声一旦传扬开来，外人绝对不会再对你有不切实际的期望。偶然用财，别人都会感激你，这就是人们所说的，凭借节俭虚名获得实实在在的好处，还有比这更合算的事吗？

简评

今天的人被评价为俭啬，大概也会"每以为耻"。殊不知，"啬"和"吝"不同，"啬"重在讲俭省的人生态度，与是否大方无关。而且，即使是被人认为不大方，也不是需要羞耻的事，反而是人能自知、能自制的表现。

俭省的好处，圃翁已经列举很多，大家都能体会。特别是讲节俭可打消别人不切实际的期望这一条，需要静心省悟。比如与人交往，尽己所能地付出，久而久之往往会被对方认为是理所应当，所谓"升米恩斗米仇"就是这个道理。所以，俭省的对象不一定只是钱财，也可以包括情感的付出，凡事"俭啬"，于做人做事，都大有裨益。

07

好的人生，贵在有度

| 原文 |

　　小筑园亭，以为游观偃息之所，亦古贤达人之所不废。但须先有限制，勿存侈心。盖园亭之设，大以成大，小以成小。凡一二百金可了者，用至一二千金而犹觉不足。一有侈心，便无止极，往往如此。白香山《池上篇》云，可以容膝[①]，可以息肩。何尝不擅美于千古哉！

——张廷玉《澄怀园语》

| 译文 |

　　用不多的花费修建园林亭台，作为游赏歇息的场所，即使是古代的贤达也不反对这种做法。但是要有节制，不要存奢侈

---

① 容膝：本义指仅能容纳双膝，一般形容容身之地狭小。

之心。园林亭台的规模，宏大有宏大的好，小巧有小巧的妙。一二百两银子可以建好，但不加控制的话可能花费一两千两银子还觉得不够。人一旦有了奢侈心，就没有尽头了，世上的事往往如此。白居易的《池上篇》里写道，园林亭台纵使狭小，但可以容身，也可以休息。这何尝不是千古以来独有其美的事情啊！

简　评

"倚南窗以寄傲，审容膝之易安"，陶渊明这两句话写出古往今来多少人的愿望啊！一方小小院落，门闩一插就是自己的世外桃源；一座小小亭阁，摆上桌椅便是自己的自由天地。只是，昂贵的地皮、世事的羁绊，让这样的愿望实现起来难上加难！

但是，未必非要亭台楼榭啊！哪怕只是一间小小的卧房，甚至只是一张干净的书桌，我们在这里读书，在这里思考，在这里躲避叨扰，在这里忘却烦恼，一样可以成为自己的世外桃源。

鲁迅先生就是这样"躲进小楼成一统，管他冬夏与春秋"的。安静的环境和安宁的内心是没有门槛的，求静与得闲，全在于你是否愿意。

08

不要沉迷于奇珍异宝

| 原文 |

　　圃翁曰：人生于珍异之物，决不可好。昔端恪公言："士人于一研一琴，当得佳者，研可适用，琴能发音，其他皆属无益。"良然！磁器[1]最不当好。瓷佳者必脆薄，一盏值数十金，僮仆捧持，易致不谨，过于矜束，反致失手。朋客欢宴，亦鲜乐趣。此物在席，宾主皆有戒心，何适意之有？瓷取厚而中等者，不至大[2]粗，纵有倾跌，亦不甚惜，斯为得中之道也。名画法书及海内有名玩器，皆不可畜。从来贾祸招尤，可为龟鉴。购之不啻千金，货之不值一文。且从来真赝难辨，变幻奇于鬼神。装潢易于窃换。一轴得善价，继至者遂不旋踵[3]，以伪为真，以真为伪，互相讪笑，止可供喷饭。昔真定梁公[4]有

────────────

① 磁器：今写作"瓷器"。
② 大：同"太"。
③ 旋踵：形容时间短暂。
④ 真定梁公：指梁清标，直隶真定人，明末清初藏书家、文学家。

画字之好，竭生平之力收之，捐馆①后为势家所求索殆尽。然虽与以佳者，辄谓非是，疑其藏匿。其子孙深受斯累，此可为明鉴者也。

——张英《聪训斋语》

| 译文 |

圃翁说，人生在世，对于珍奇之物，绝不可过于爱好。以前姚文然先生说过："读书人对于砚台和古琴，应该追求上佳之品，砚台能够使用，古琴能够发声，其他物品追求品质没有什么益处。"说得对啊！瓷器最不应当追求质地。质地好的瓷器一定脆薄，一盏就价值数十两银子，僮仆捧持在手，很容易不慎破损，因为过于小心，反而容易失手。朋友们欢笑宴饮，也因此少了很多乐趣。这些东西放置席间，宾主都有戒心，还有什么快乐舒适可言？瓷器应该选用厚实而质地中等的，不要太过粗陋即可，就算不小心打翻摔碎，也不怎么可惜，这是选用物品时比较恰当的做法。名画字帖以及世上知名的玩物，都不应当收藏。这些东西向来容易惹祸生非，应该引以为戒。购买它们的时候不止千金，卖掉的时候却不值一文。而且从来都是真假难辨，变幻莫测堪比鬼神。装帧裱糊时非常容易被人偷梁换柱。一幅字画卖出个好价钱，其他买家就会接踵而至，把假的当真的，把真的说成假的，

---

① 捐馆：去世的委婉说法。

互相取笑讥讽，为世人徒增笑料。过去真定梁清标先生有收藏字画的爱好，竭尽平生力量去收集，但是他的字画在他去世后被权势之家索取殆尽。即使家人送出了佳品，对方也会动辄拿真伪说事，怀疑他们把好东西藏匿起来了。子孙深受其累，这件事最可从中汲取教训。

简评

　　古人说，"人无癖不可与交，以其无深情也；人无疵不可与交，以其无真气也"。培养一样积极向上的兴趣爱好，不但能够舒缓人忙碌的神经，还能颐养人高雅的性情。然而，水能载舟亦能覆舟，如果人沉湎的是不良的爱好，那难免就会误入玩物丧志的歧途。

　　圃翁教育孩子，瓷器古玩这些所谓藏品要统统捐弃，但对砚台、古琴这些实用器物却要务求精良。究其原因，砚台是求学求知的必备之物，而古琴则于修身立品不可或缺。圃翁对待收藏的看法，能给我们很好的启示：对孩子积极的爱好，比如读书写字、琴棋书画，要鼓励，要支持；反之，则要适当提醒，及时纠偏正向。如果放任孩子在无意义甚至有害的爱好上花费过多精力，往往会造成荒废主业、贻误终身的后果。

09

人生天地间，
要找到自己安身立命的方式

| 原文 |

　　吾友陆子名遇霖，字洵若，浙江人，今为归德别驾①。其人通晓事务，以经济自许。在京师日，常与之过从。一日，从容谈及谋生毕竟以何者为胜。陆子思之良久，曰："予阅世故多矣，典质、贸易、权子母，断无久而不弊之理。始虽乍获厚利，终必化为子虚。惟田产房屋，二者可持以久远。以二者较之，房舍又不如田产。何以言之？房产乃向人索租钱。每至岁暮，必有干仆，盛衣帽著靴，喧哗叫号以取之。不偿，则愬②于官长。每至争讼雀角，甚有以奋斗窘逼而别生祸殃者。稍懦焉，则又不可得矣！至田租则不然，子孙虽为齐民，极单寒懦弱，其仆不过青鞋布袜，手持雨伞，诣佃人之门，而人不敢藐视之。秋谷登场，必先完田主之租，而后分给私债。取

---

① 别驾：汉代官名，刺史的佐官，因地位较高，外出时单独一车，故有此名。清代不设"别驾"，一般作为"通判"的尊称。陆遇霖时任归德府通判。
② 愬：音 sù，同"诉"，诉讼。

其所本有，而非索其所无。与者受者，皆可不劳。且力田皆愿民，与市廛①商贾之狡健者不同。以此思之，房产殆不如也。"予至今有味乎陆子之言。

——张英《恒产琐言》

译文

　　我的朋友陆遇霖，字洵若，浙江人，如今任归德府通判。他精通各类事务，自认为有经世济民的才能。在京师的日子，我常和他来往。某一天，我和他随意谈到用哪种方法谋生立命最佳。陆遇霖思考许久，说道："我经历的世事很多，典当、贸易、借贷，断然没有长久经营不生弊端的道理。即使开始时短期内收获暴利，最终也一定会化为乌有。只有田产房屋，这二者可以长久。这二者再比较，房屋又不如田产。为什么这么说呢？经营房屋是向人索取租金。每到岁末，一定要有能干的仆人，穿戴严整，叫嚷喧哗前去索取。没有拿到，就要到官府诉讼。每每闹到争执诉讼，还有为此争斗甚至紧逼而引发祸患的情况。稍微懦弱的房东，常常会要不到房租。而田产则不这样，主人的子孙即使只是普通百姓，单薄懦弱，仆人也不过身着青鞋布袜，手持雨伞，前往佃户家收租，对方一样不敢轻视。秋谷丰收，佃户一定

---

① 市廛：廛音 chán，街市商店的房屋，此处代指集市。

要交完田主的地租之后，才能再分别偿还私债。这是收取他已有的东西，不是索要他没有的东西。收租的、交租的，都不费事。而且种田的都是朴实人家，和城市中那些狡黠的商人不同。这样看来，房屋的确不如田产。"我至今还常常回味陆遇霖的话。

简评

　　房租和田租一大区别就在于，田租是"取其所本有"，给租田的人留下了生活的余地；房租是"索其所无"，使租房人生活会因交房租而陷入窘迫境地。

　　取财用财，如世间大多数事情一样，最好给人留足余地。地位和资源分配的差异，常常导致人的心态失衡。如果斤斤计较，不但得小利失大德，也难免滋生祸患。获得收益的同时，不使人为难是最好的方式。

　　"双赢"是人生的大智慧，不可不知。

10

珍视那些像土地一样
具有永恒价值的资产

原文

　　天下之物，有新则必有故。屋久而颓，衣久而敝，臧获[1]牛马服役久而老且死。当其始，重价以购，越十年而其物非故矣，再越十年而化为乌有矣。独有田之为物，虽百年千年而常新。即或农力不勤，土敝产薄，一经粪溉则新矣。或即荒芜草宅[2]，一经垦辟则新矣。多兴陂池，则枯者可以使之润。勤嫭荼蓼[3]，则瘠者可以使之肥。亘古及今，无有朽蠹颓坏之虑、逃亡耗缺之忧。呜呼，是洵可宝也哉！

——张英《恒产琐言》

---

① 臧获：奴婢。
② 草宅：草木发芽。宅，音 chè，通"坼"，裂开。
③ 荼蓼：音 tú liǎo，荼和蓼是两种草，此处泛指田野沼泽间的杂草。

天下的东西，有新就有旧。房屋住久了会倾颓，衣服穿久了会破烂，奴婢牛马服役久了会老也会死。开始的时候，花费重金购买，等十年以后，这些事物就不是刚买时候的样子了，再过十年就会化为乌有。唯有田地这种事物，千百年过去还能常用常新。即使是耕作不勤，土地凋敝、产出有限，一旦用粪肥浇灌，马上就能变得肥沃。即使是田地荒芜、杂草丛生，一旦开垦修治马上就能恢复如新。多修池塘，干旱的田地也能得到灌溉。经常除草，贫瘠的田地也能变得肥沃。亘古及今，田地从来不用担心腐朽败坏、丢失损耗。哎呀，它实在是宝贝啊！

| 简评 |

圃翁所谓"恒产"，大概相当于现今的不动产。现在也有不少年轻人，更喜欢关注金银珠宝、储蓄债券这些收益快的动产，却忽视了房屋、地产这些不动产的价值。

只是，收益快，流失也快。世界上的事大多如此，光鲜亮丽者往往暗含隐忧，默默无闻者充满机遇，这就是事物的一体两面。谋生谋事，要看眼前也要看长远，要看机会也要看隐患。

11

从劳作中体验"一分耕耘，一分收获"

| 原文 |

尝读《雅》《颂》①之诗，而叹古人之于先畴如此其重也。《楚茨》《大田》之诗，皆公卿有田禄者。周有世卿，其祖若父之采地，传诸后人，故曰"曾孙"。今观其言，曰"我疆我理"②，曰"我田既臧"③，曰"我黍""我稷"，"我仓""我庾"④，农夫爱其曾孙，则曰"曾孙不怒"⑤，曾孙爱其农夫，则曰"农夫之庆"⑥。以至攘馌⑦者

---

① 《雅》《颂》：《诗经》分为《风》《雅》《颂》三大部分，此处代指《诗经》。
② 语出《诗经·小雅·信南山》，大意为"划分田界，治理沟渠"。
③ 语出《诗经·小雅·甫田》，大意为"田地丰收，农夫之福"。
④ 语出《诗经·小雅·楚茨》，原文为"我黍与与，我稷翼翼。我仓既盈，我庾维亿"，大意为"黍子长得茂盛，谷子排列整齐。粮食堆满谷仓，囤积严实紧密"。
⑤ 语出《诗经·小雅·甫田》，原文为"曾孙不怒，农夫克敏"，大意为"农夫干活又快又好，田主满心欢喜"。
⑥ 语出《诗经·小雅·甫田》，原文为"黍稷稻粱，农夫之庆"，大意为"五谷丰登，农夫倍感欣喜"。
⑦ 馌：音 yè，送饭。

之食，而"尝其旨否"①；剥疆埸之瓜，而"献之皇祖"②。何其民风淳朴，上下相亲如此！不止家给人足，无分外之谋，而且流风余韵，有为善之乐。后人有祖父遗产，正可循陇观稼，策蹇课耕，《雅》《颂》之景，如在目前。而乃视为鄙事，不一留意，抑独何哉！

——张英《恒产琐言》

│译文│

我曾经阅读《诗经》，深深感叹古人对先人田地的看重。其中《楚茨》《大田》这些诗，都是有田地的公卿所作。周代有世袭的公卿，祖父、父亲的封地，都可以传承给后代，所以作者自称"曾孙"。今天看诗中的话，说"划分田界，治理沟渠"，说"田地丰收，农夫之福"，说"黍子长得茂盛，谷子排列整齐。粮食堆满谷仓，囤积严实紧密"，农夫爱戴自己的田主，诗中就说"田主满心欢喜"，田主喜欢自家的农夫，诗中就说"农夫倍感欣喜"。甚至说要让大家共同分享送给农夫的饭菜，或者切瓜削皮供奉先祖。那时的民风是多么纯朴啊，田主农夫竟如此亲密！不

---

① 语出《诗经·小雅·甫田》，原文为"馌彼南亩，田畯至喜。攘其左右，尝其旨否"，大意为"带着精美的食物前来慰劳农夫，监督生产的官吏见了非常高兴。他招呼身边的农夫们聚拢而来，大家一起分享美味"。
② 语出《诗经·小雅·信南山》，原文为"中田有庐，疆埸有瓜。是剥是菹，献之皇祖"，大意为"田中有房屋，田边结瓜果。削皮切块腌成酢菜，用来供奉伟大先祖"。

只是家家富裕、人人富足，互相没有非分之想，而且有从上古流传下来的良好风尚，以积德行善为乐。后人享受先人的遗产，正好可以顺着田边巡察农田，骑驴监督耕种，《诗经》中描绘的情况，就像在眼前一样。你们却把这看作是鄙陋的事情，不闻不问，又是为什么呢！

简评

中国人对田地有天然的亲近，把躬耕作为人生乐事，历代先贤的文学作品中都有反映。不过，也会有人，尤其是少年，会如圃翁所说，把农耕"视为鄙事"。原因无非农耕劳作辛苦，环境不佳，收获微薄。

"农，天下之本"，农耕是过去一个家庭、一个人安身立命的根本。它的意义在于，即使辛苦，也能"一分耕耘，一分收获"；即使收成不多，也不会露宿街头、衣食无着。要读书、要仕进、要发展，都离不开这个坚实的后盾。即使富家子弟也不能忘记这个根本，也要课耕巡田，甚至沾体涂足。

今天的青少年，纵使早已不必耕作，也要明白田地的价值和意义，明白只有打下坚实的物质基础，人生才有无限种可能。

12

田产才是最可靠的资产

| 原文 |

　　天下货才所积，则时时有水火、盗贼之忧。至珍异之物，尤易招尤速祸。草野之人，有十金之积，则不能高枕而卧。独有田产，不忧水火，不忧盗贼。虽有强暴之人，不能竟夺尺寸；虽有万钧之力，亦不能负之而趋。千顷万顷，可以值万金之产，不劳一人守护。即有兵燹①离乱，背井去乡，事定归来，室庐畜聚，一无可问。独此一块土，张姓者仍属张，李姓者仍属李，芟夷垦辟，仍为殷实之家。呜呼，举天下之物不足较其坚固，其可不思所以保之哉！

——张英《恒产琐言》

---

① 兵燹：燹音 xiǎn，指的是因战乱而遭受焚烧破坏的灾祸。

世人积蓄的财物，常常有遭遇水火、被偷被窃的忧虑。至于那些奇珍异宝，更容易招灾引祸。乡野之人，能攒下十两银子，就会担心被盗而夜不能寐。只有田产，不用担心水火，不用担心盗贼。即使遭遇强盗，也无法夺走尺寸。即使力能扛鼎，也无法背负而逃。千万顷的土地，不用一个人去守护。哪怕是兵荒马乱，主人背井离乡，等乱世平定下来，房屋、牲畜已无处可寻。只有这片田地，原先属于张家现今还属于张家，原先属于李家现今还属于李家，只要主人除草修治，仍能供养殷实富足的一家。哎呀，论坚固，天下所有的东西都没法和田地相比，哪能不认真思考如何保全田地啊！

简评

与奇珍异宝相比，田地好在跑不掉，也丢不了。所以，与动产相比，不动产才可以被称为"恒产"。

只是，"恒产"即使不会跑不会丢，仍可能被田主卖掉，可能会随着时间流逝而破败。从另一面说，那些看不见摸不着的财富，比如头脑里积累的知识、经验、人脉，一旦获得却可以伴随人的终身。它们还会随着人年岁的增加愈加显现特别的价值。由此可见，与有形的财富相比，无形的财富又更胜一筹。而且，有了知识、经验、人脉这些无形之财，获取有形之财更容易，也会更可靠。

13

即使是艰难时期，也不要随意变卖田产

| 原文 |

吾既言产之断不可鬻矣，虽然，鬻产之家，岂得已哉！其平时费用不经，以致举债而鬻产，吾既详言之矣！处承平之日，行"量入为出"之法，自不致狼狈困顿，而为此独是。一遇兵燹，则必有水旱，水旱则必逃亡，逃亡则田必荒芜，荒芜则谷入必少，此时赋税必多，而且急数端相因而至，乃必然之理。有田之家，其为苦累较常人更甚，此时轻弃贱鬻，以图免追呼，实必至之势也。然天下乱离日少，太平日多。及至平定，而产业既鬻于人，向时富厚之子，今无立锥矣！此时当大有忍力，咬定牙根，平时少有积畜，或鬻衣服，或鬻簪珥，或鬻臧获，籍以完粮。打叠精神，招佃辟垦，"乘间投隙"①，收取些须，以救旦夕。谷食不足，充以糟糠，凡百费用，尽从吝啬。千辛万苦，以保守先业。大约不过一二年，过此凶险，仍可耕耘收获，不失为殷厚之家，此亦予所目击者。譬如熬过隆冬冱②

---

① 乘间投隙：成语，本意为乘机挑拨离间，此处似指抓住各种时机。
② 冱：音 hù，水因寒冷而凝结。

寒，春明一到，仍是柳媚花明矣！此际全看力量，更有心计之人，于此时收买贱产，其益宏多，吾乡草野起家之人，多行此法。

——张英《恒产琐言》

| 译文 |

我已说过田产一定不能卖，可即使这样，卖田的家庭，也一直都有啊！他们平时不规划花销，导致举债进而卖田，我已经说得很详细了。身处太平年代，按照"量入为出"的方法生活，自然不会导致贫困窘迫，只有上述情况才可能引发。遇到兵荒马乱的年景，一定会有水旱灾害，水旱灾害时老百姓一定会四处逃亡，人跑了田地一定会荒芜，地荒了粮食收成一定会减少，这个时候官府的赋税又一定会很多，各种紧急情况接踵而至，这是必然的道理。有田产的家庭，遭遇的困难要较普通家庭多得多，这个时候轻易放弃、低价卖田，希望以此摆脱追索搜刮，实在也是必然之事。但是天下动荡不安的时候少，太平的日子多。等到社会安定下来，田产已经卖给了别人，过去的富足之人，如今没有了立锥之地。这个时候应该使出超常的忍耐力，咬紧牙关，平时肯定也有少量积蓄，或者卖衣服，或者卖首饰，或者卖奴婢，靠这些缴纳赋税。打起精神，招引佃户开垦耕作，抓住各种时机，获得一些收入，以此挽救危机。粮食不够，就用糟糠替代，一切费用，能省则省。千辛万苦，也要保守先业。大概过不了一二年，凶险的情况就过去了，仍能在田地上耕耘收获，不失为富足的家庭，这也是我亲眼所见的事。这就好比熬过滴水成冰的寒冬，明媚的春光一到，仍是一片绿柳成荫、鲜花怒放的美丽景象。这个时候全看能力，更有心计的人，趁机低价买入田产，收益非常大，我们家乡那些白手起家的人，大多是用这种方法。

简评

草莽起家之人，看准时机低价买房置地，完成财富积累，其中玄机，不难领会。而千难万险之下，决不卖田鬻产这一点，却少有人能省悟做到。

有些人生活中遇到挫折，为了渡过难关，为了不被催债，甚至仅仅是不愿接受生活质量下降，就开始打起卖田鬻产的主意。殊不知，卖出容易赎回来难。如果保守财富的心气丢失了，就几乎没有翻身的可能了！

遇到难处，最应该做的，就是如圃翁所说，咬紧牙关，压缩一切不必要的开支来"节流"；拿出平日积蓄，努力生产，用尽一切办法去"开源"。双管齐下，以"大有忍力"，渡过难关，静候"柳暗花明又一村"。

14

善待土地，大地不会吝啬自己的宝藏

人思取财于人，不若取财于天地。余见放债收息以及典质人之田产者，三年五年，得其息如其所出之数，其人则哓哓有词矣。不然则怨于心，德于色，浸假而并没其本。间有酷贫之士，得数十金，可暂行于一时，稍裕则不能矣。惟地德则不然，薄植之而薄收，厚培之而厚报，或四季而三收，或一岁而再种。中田以种稻麦，旁畦余陇以植麻菽、衣棉之类。有尺寸之壤，则必有锱铢之入，故曰"地不爱宝"①，此言最有味。始而养其祖父，既而养其子孙。无德色，无倦容，无竭欢尽忠之怨，有日新月盛之美。受之者无愧怍，享之者无他虞。虽多方以取，而无罔利之咎。上可以告天地，幽可以对鬼神。不劳心计，不受人忌疾。呜呼，天下更有物焉能与之比长絜短者哉！

——张英《恒产琐言》

---

① 语出《礼记·礼运》，大意为"大地不会吝啬自己的宝藏"。

| 译文 |

世人若想从他人身上谋取财富，不如依靠天地来生财。我见那些放贷收息以及典当质押别人田产的人，三五年间，如果获益比得上本金，就高兴地说个没完。如果没有获得预期收益，内心就会充满怨恨，表面上却扬扬自得，直到本钱也渐渐赔进去。偶尔有些赤贫的人，一下子获得数十两银子，或许可以暂时维持一段时间生活，但想要过得宽裕是不可能的。而田地的恩德不是这样，简单打理就有少量收获，用心培植就有丰厚收成，有的可以一年收获三次，有的可以收获两次。中间的地块种植水稻、麦子，四周的小地块和边角种植麻菽、棉花。哪怕只有巴掌大的地块，也一定会有少量的收获，所以有句古话说"地不爱宝"，这句话最有意味。田地先是供养人的父祖，继而供养人的子孙。它不会扬扬自得，也不会劳累倦怠，不会因为尽心竭力而抱怨，却能随季节给人带来丰盛新鲜的收获。收获的人没有愧疚，享有的人不必担心。即使从田地中获得多重利益，也不会有不当得利的罪恶。对上可以告祭天地，暗中可以直面鬼神。不用费心劳神，也不用受人妒忌。哎呀，天下还有其他事能与田地比较长短优劣嘛！

我们感恩田地，是因为田地无言，却默默给我们长期而稳定的馈赠。而且，你愈加善待田地，愈加打理田地，获得的回馈也越多。更重要的是，我们接受田地的赠予，并不会损害田地，更不会妨碍他人。所以，先贤以为，田地有"地德"，依靠田地获利"上可以告天地，幽可以对鬼神"。

中国人对待万物万事的底层逻辑大抵是一致的，以损人利己为耻，以屈己达人为荣。好比取财，如果取财于天地，则与人无碍，万事和谐，可以收获现代人所说的"双赢""多赢"。取财于人，就容易陷入现代人所说的"零和"博弈，导致一方获益一方受损，容易惹怨招尤，使得人际交往荆棘丛生。

这种朴素的观念影响着我们，让我们努力变得崇高；也保护着我们，让我们远离许多是非。领会这种智慧，是成长路上的重要一课。

15

未雨绸缪，才能防患于未然

| 原文 |

　　禾在田中，以水为命。谚云"肥田不敌瘦水"，虽有膏腴，若水泽不足，则亦等石田矣。江南有塘有堰，古人开一亩之田，则必有一亩之水以济之。后人狃于多雨之年，塘堰都不修治，堰则破坏不畜水，塘则浅且漏不容水。每岁方春时，必有洪雨数次，任其横流而不收。入夏亢旱束手无策，仰天长叹而已。人家僮仆管理庄事，以兴塘几石、修屋几石为开帐时浮图合尖^①之具而已，何尝有寸土一锸及于塘堰乎？夫塘宜深且坚固。余曾过江宁南乡，其田最号沃壤，其塘甚小，不及半亩。询之土人，知其深且陡，有及二丈者，故可以溉数十亩之田而不匮。吾乡塘最多，且大有数亩者，有十数亩者，然浅且漏，大雨后亦不满，稍旱则露底。田待此为命，其何益之有哉！向后兴塘筑堰，必躬自阅视。若有雨之年，塘犹不满，其为渗漏可知，急加培筑。大抵劣农之性惰而见识浅陋，每微倖于岁

<small>① 浮图合尖：浮图指佛塔，合尖是建造佛塔的最后一道工序，浮图合尖比喻大功告成前的收尾工作。</small>

之多雨而不为预备。僮仆既以此开入花帐，又不便向主人再说。一遇亢旱，田禾立槁，日积月累，田瘠庄敝，租入日少，势必鬻变，此兴水利为第一要务也。若不知务此，而止云保守前业，势岂能由己哉！

——张英《恒产琐言》

| 译文 |

禾苗生长在田中，水就是它们的生命。谚语说"肥田不敌瘦水"，即使土壤肥沃，如果水分不够，田地也和不可耕种的石田一样。江南有水塘、有围堰，古人开垦一亩田地，就一定会准备一亩的水塘用来灌溉。后人习惯了常年多雨，水坝不修，围堰破坏，水塘慢慢变浅，底部渗漏容不了多少水。每年春季时，一定会有几场大雨，人们听任雨水流淌也不去蓄水。入夏后大旱却又束手无策，只能仰天长叹。大户人家的僮仆管理农庄事务，只把兴修水塘花费几许、修盖房屋花费几许当成是报账的证明，何曾有一铲土挖到塘堰上？水塘应该深厚坚固。我曾经到过江宁南乡，那里的田地最能称作肥田，南乡的水塘很小，每个不到半亩。我向当地人打听，才知道这些水塘很深很陡，有的深达两丈，即使灌溉数十亩的田地也不会见底。我们家乡的水塘很多，有的几亩大，有的十几亩大，但是水浅渗漏，大雨后还灌不满，稍微干旱一点就会见底。田地以这些水塘为命脉，可这样的水塘有什么用啊！以后兴建水塘、构筑围堰，你们一定要亲自前往查看。如果有雨的年头，水塘还不满水，它下面渗漏的情况就可想而知了，一定要赶快加固修筑。大概无能的农夫都是性情懒惰、见识短浅的，每每都对多雨的天气心怀侥幸而不为干旱做准备。僮仆已经把兴建水塘、修治房屋等事开列假账，也就没法再和田主细说。一旦遇到大旱，禾苗立马枯死，日积月累，田地贫瘠、田庄凋敝，地租越来越少，势必引发卖田的情况，这就是说兴修水利是第一要务的原因。如果不知要做这些事，单说什么保守前人家业，形势哪由自己说了算啊！

简评

如何修治池塘和围堰，或许是过于专业的农耕知识，但是圃翁提及的很多观点，一样值得我们深思。

比如亲力亲为。再得力的僮仆去管理田庄，也不过是去完成一项工作，不过是按照"任务表"应付差事。田地修治得怎样，收成如何，他并不会真正关心。这些情况，田主自己都不关心，都不去了解，还能指望别人吗？田地如此，其他事情也一样。

比如未雨绸缪。灌溉田地，除去修治池塘围堰，下雨天储水也非常重要。无能的农夫总是寄望于老天恩赐，下雨天怕淋雨、怕受累，不抓住时机去蓄水储水。等到连日干旱，再去求雨借水，不是麻烦痛苦得多吗？灌溉田地如此，其他事情也一样。

16

只要精心管理，
贫瘠的土地也能变得肥沃和高产

| 原文 |

　　予置田千余亩，皆苦瘠。非予好瘠田也，不能多办价值，故宁就瘠田。其膏腴沃壤，则大有力者为之，余不能也。然细思：膏腴之价数倍于瘠田，遇水旱之时，膏腴亦未尝不减；若丰稔之年，瘠土亦收，而租倍于膏腴矣！膏腴之所以胜者，需时可以得善价，平时度日，同此稻谷一石耳，无大差别。且腴田不善经理，不数年变而为中田，又数年变而为下田矣。瘠田若善经理，则下田可使之为中田，中田可使之为上田，虽不能大变，能高一等。故但视后人之能保与不能保，不在田之瘠与不瘠。况名庄胜业，易为势力家所垂涎，子弟需田必先需善者。予家祖居田甚瘠，在当时兴作尽善，故称"沃壤"。四世祖东川公卒时，嘱后人葬于宅之左，曰："恐为势家所夺。"由此观之，当时何尝非善地，今始成瘠壤耳！惟视人之经理不经理也。尝见荒瘠之地，见一二土著老农之家，则田畴开辟，陂

池修治、禾稼茂郁、庐舍完好、竹木周布，居然一佳产。其仕宦家之田，则荒败不可观而已。汝侪试留心察之。

——张英《恒产琐言》

| 译文 |

我购置了千余亩农田，都是贫瘠的田地。不是我喜欢贫瘠的田地，是因为出不起高价，所以宁可选择贫瘠田地。那些肥沃的农田，特别有财力的人才有能力买入，我买不起。但是细细思考：肥沃田地的价格数倍于贫瘠田地，遇到水旱灾害时，肥沃田地的收成未必不会减少；丰收的年头，贫瘠田地一样能有收获，这样所得的地租，远多于买入肥沃田地所能获得的地租啊！肥沃田地之所以好，是因为卖出时能获得高价，而平常的日子，一样是收获一石稻谷，没有太大的差别。况且肥沃田地不好好打理的话，不用数年就会变为中等田地，再经过数年就会变为下等田地。而贫瘠田地如果精心打理，下等田地就会变为中等田地，中等田地就会变为上等田地，即使不能大变，也能变好一等。所以只需要看后人能不能保住田产，不需要管田地贫瘠不贫瘠。再说好的田庄和好的产业，很容易被有钱有势的人家垂涎，家中子孙想要卖田也会先卖掉肥沃田地。我们家祖居的田地很贫瘠，但是当时尽心尽力整治，所以也就被叫作"沃壤"了。四世祖东川公去世时，嘱咐后人把自己安葬在宅子左侧，说："恐怕田地会被权势人家夺走。"因此来看，当时何尝不是一块好地，而今天已经是一块贫瘠土地了！只在于有没有用心打理罢了。我曾见到一片贫瘠的荒地里，有一二个当地老农的家，田地已经开辟，池塘修治完备，庄稼茂盛，房屋完好，周围竹木遍布，竟也是一处很好的田产。而那些官宦人家的田地，却往往荒芜破败没法看了。你们要试着留心观察。

简评

田地能打多少粮食，一看田地自身的基础，二看农夫下的气力。用心耕作，贫瘠的土地也会慢慢变得肥沃；放任不管，沃壤也会变成石田。

人也是一样。方仲永的故事不须再赘述了，禀赋再好，父母不加培养，孩子自己不加努力，结果终究是"泯然众人矣"。如何培养呢？当然不能放任不管，但也一定不要越俎代庖。千万不要无微不至地"帮他做"，"告诉他怎么做""帮助他做得更好"更有意义。这个界限，为人父母者一定要好好把握。

17

切勿因短期利益，
而忽视长期收益与安全性

| 原文 |

予与四方之人从容闲谈，则必询其地土物产之所出，以及田里之事，大约田产出息最微，较之商贾，不及三四。天下惟山右、新安人①善于贸易，彼性至悭啬，能坚守，他处人断断不能，然亦多覆蹶之事。若田产之息，月计不足，岁计有余；岁计不足，世计有余。尝见人家子弟，厌田产之生息微而缓，羡贸易之生息速而饶，至鬻产以从事，断未有不全军尽没者。余身试如此，见人家如此，千百不爽一。无论愚弱者不能行，即聪明强干者，亦行之而必败。人家子弟，万万不可错此著也。

——张英《恒产琐言》

| 译文 |

我与四面八方的人随意闲谈时，一定会询问他们那里的土地

---

① 山右、新安人：指善于经商的晋商和徽商群体。

物产，以及与田地相关的事情。总的来说，种田的收益最少，与做生意相比，不及十之三四。天下人要数山西、安徽这些地方的人最擅长做生意，他们性格非常节俭，又能耐住性子，别处的人是做不到的，但即便如此，他们也常常遇到失败。田地的收益，以月计算常常不够用，以年计算却常常有盈余；即便以年计算仍然不够用，但从长远来看，一定是有盈余的。我曾见过有些年轻子弟，嫌弃田地产生收益又少又慢，羡慕做生意的收益又快又多，就把田地卖了去做生意，这样做哪有不全军覆没的。我亲身经历是这样，看别人也是这样，千百次屡试不爽。且不说愚钝懦弱的人做不到，就算是聪明能干的人，这样做也一定会失败。年轻子弟，万万不能走错这一步。

简评

赋卖家中产业做买卖，期望生"快钱"然后一夜暴富，这样的故事古往今来屡见不鲜。最后的结果怎么样？大多是血本无归而已。血淋淋的教训就在眼前，为什么熟悉的场景却一再重演呢？因为利欲熏心，总是对财富怀有不切实际的期望；因为自视甚高，自以为掌握规律能够逃脱失败的命运。

对财富，人人都有渴望，但是要有坚实的基础，要进退有据。如果赋卖家产，期望中的财富就是无本之木。对自我，需要培养自信，但是盲目乐观，往往竹篮打水一场空。人，既要仰望星空，又要脚踏实地。世界上最便捷的道路，往往就是按部就班做好该做的事。

18

创业难，守业更难

　　予仕宦人也，止宜知仕宦之事，安能知农田之事！但余与四方英俊交且久，阅历世故多，五十年来，见人家子弟成败者不少。鬻田而穷，保田而裕，千人一辙。此予所以谆谆苦口为汝辈陈说。先大夫戊子年析产，予得三百五十余亩。后甲辰年再析予一百五十余亩。予戊戌年初析爨^①，始管庄事。是时，吾里田产正当极贱之时。人问曰："汝父析产有银乎？"予对曰："但有田耳。"问者索然。予时亦曰："田非不佳，但苦急切难售耳。"及丁未后，予以公车^②有称贷，遂卖甲辰年所析百五十亩。予四十以前，全不知田之可贵，故轻弃如此。后以予在仕宦，又不便向人赎取，至今始悟：析产正妙在无银，若初年宽裕，性既习惯，一二年后，所分既尽，怅怅然失其所恃矣！田之妙，正妙在急切难售，若容易售，则脱手甚轻矣！

---

① 析爨：分设炉灶，指分家。爨：音cuàn，炉灶。
② 公车：汉代举孝廉乘公车赴京，后用"公车"代指进京应试的举人或举人进京应试。

此予晚年之见，与少年时绝不相同者也。是皆予三折肱^①之言，其思之毋忽。

——张英《恒产琐言》

| 译文 |

　　我们是仕宦家庭，只知道官场的事情，怎么能了解农田的事情呢！但是我与五湖四海的英雄豪杰结交很久，经历的人情世故很多，五十年来，见到别人家子弟成功失败的例子不少。卖田而变穷，保田而富裕，所有人都一样。这是我谆谆告诫你们的原因。先父戊子年分家产，我分得三百五十多亩田地。后来甲辰年再分给我一百五十多亩。我在戊戌年分家单过，开始管理田庄的事务。那时候，我们家乡田地的价格正是极低的时候。有人问我："你父亲分家产有没有分银子？"我回答："只分了田地。"问话的人无言以对。我那时候也说："田地不是不好，只是短时间内难以出售。"等到丁未年以后，我因为入京应试而借贷，卖掉了甲辰年所分得的一百五十亩地。我四十岁之前，一点也不懂得田地的可贵，就这样把分得的田产轻易放弃了。后来因为我已经为

---

① 语出《左传·定公十三年》，原文"三折肱，知为良医"，意为多次折断手臂，体会到治疗方法，进而成为这方面的良医。后用"三折肱"比喻对某事阅历多，富有经验，见解深刻。

官，不便再向买田的人赎回，直到今天才幡然醒悟：先父分家产好就好在没有分银子，如果早年间生活优裕，养成了习惯，一二年之后，分得的家产花完，就会为失去依靠而发愁了！分田地的妙处，就在于难以快速出售，如果容易出售，就会轻易卖出了！这是我晚年的见解，和少年时的想法完全不同。这是我痛切的感受，你们要认真思考不要忽视。

简评

很多长辈不吝啬赠予子孙田地、产业，却对给予金银财宝和现金很"小气"。孩子安家立业的初始阶段，急需用钱的时候，田地、产业不能吃不能穿，不能救急，无法变现，有时候还要节衣缩食去填补运行经费。这样的做法不但外人不理解，孩子更不理解。

圃翁用自己的成长经历解答了这个难题。金银财宝这些容易变现救急的财富，同样容易变现挥霍。特别是心性不定的少年，面对诱惑常常难以自持。这个时候留给孩子不易变现的田地、产业，不但能够防止财富的快速流失，还能让孩子尽早体会创业之难、守业之难，激励他们珍惜财富、保有财富，一举多得。

19

如何守护和经营好
长辈辛苦打拼的财富

| 原文 |

　　吾既言产之不可鬻矣，虽然，守之有道，不可不讲。不善经理，付之僮仆之手，任其耗蠹^①，积日累月，沃者变而为瘠，润者化而为枯，稍瘠者化而为石田。田瘠而亩不减，入少而赋不轻。平时仅可支持，一遇水旱催科，则立稿^②矣。是田本为养生之物，变而为累身之物。且将追怨祖父，留此累物以贻子孙。予见此亦不少矣。然则如之何而可哉？欲无鬻产，当思保产；欲保产，当使尽地利。

　　尽地利之道有二：一在择庄佃，一在兴水利。谚云"良田不如良佃"，此最确论。主人虽有气力心计，佃惰且劣，则田日坏。譬如父母虽爱婴儿，却付之悍婢之手，岂能知其疾苦乎？良佃之益有三：一在耕种及时，一在培壅有力，一在畜泄有方。古人言"农最重时"。早犁一月，有一月之益，故冬最良，春次之。早种一日，有一

---

① 耗蠹：蠹音 dù，耗费损害。
② 稿：同"槁"，干枯。

日之益，故晚禾必在秋前一日。至培壅，则古人所云"百亩之粪"^①，又云"凶年，粪其田而不足"^②。《诗》云："荼蓼朽止，黍稷茂止。"^③用力如此，一亩可得两亩之入。地不加广，亩不加增，佃有余而主人亦利矣。畜水用水，最有缓急先后，当救则救，当待则待，当弃则弃，惟有良农、老农知之。劣农之病有三：一在耕稼失时，一在培壅无力，一在畜泄无方。若遇丰稔之年，雨泽应时而降，惰农、劣农亦卤莽收获，隐藏其害而不觉。一遇旱干，则彼之优劣立见矣。凶年主人得一石，可值两石。而受此劣佃之害，悔何及哉！

人家僮仆管庄务，每喜劣佃，而不喜良佃，良佃则家必殷实有体面，不肯谄媚人，且性必耿直朴野，饮食必节俭，又不听僮仆之指使。劣佃则必惰而且穷，谄媚僮仆，听其指使，以任其饕餮。种种情状不同，此所以性喜劣佃而不喜良佃。至主人之田畴美恶，彼皆不顾。且又甚乐于水旱，则租不能足额，而可以任其高下。此积弊陋习，安可不知？且良佃所居，则屋宇整齐，场圃茂盛，树木葱郁，此皆主人僮仆力之所不能及，而良佃自为之，劣佃则件件反是。此择庄佃为第一要务也。

——张英《恒产琐言》

---

① 语出《孟子·万章下》，大意为"为百亩田灌溉施肥"，圃翁引用此句，要表达的句意似乎与原出处有所不同，意在强调养护庄稼的重要性。
② 语出《孟子·滕文公上》，大意为"歉收之年，收到的秸秆连肥田都不够"，圃翁引用此句，要表达的句意似乎也与原出处有所不同，也是在强调养护庄稼的重要性。
③ 语出《诗经·周颂·良耜》，大意为"各类杂草已腐烂，庄稼生长很茂密"。

|译文|

我已经说了田产不可卖，即使这样，守护田产的方法也不能不说。若不善加经营，把田产交给僮仆打理，听任他们耗损田地，日积月累，肥沃的田地也会变得贫瘠，丰润的田地也会变得枯竭，那些本来就有些贫瘠的田地，甚至会变得不可耕种。田地贫瘠了而亩数不减，收入减少了而赋税不轻。平时只能将将维持，一旦遇到水旱灾害，官府催逼赋税，马上就导致全家衣食无着。这些田地本来是维持生养的事物，这时候反而成为生活的拖累。这些人继而去抱怨祖辈，为什么把这些累赘留给子孙。这些情况我见过不少啊！但是抱怨又能怎样呢？想要不卖田产，就要想着守护田产；想要守护田产，就要让田地产生更多收益。

从田地获得更多收益的方法有二：一是选择佃户，一是兴修水利。谚语说"良田不如良佃"，这句话最到位。主人即使有气力、有想法，如果佃户懒惰无能，那田地一样日益败坏。这就好比父母再爱婴儿，如果交给凶悍的奴婢照料，能知道孩子的疾苦吗？能干的佃户有三点好处：一是耕种及时，一是管护用心，一是灌溉有方。古人说"农耕最重农时"，早一个月犁地有早一个月的好处，所以冬季犁地最好，春季次之。早一天播种有早一天的好处，所以晚稻最迟要在立秋前一天播种。至于养护，古人说"百亩之粪"，又说"凶年，粪其田而不足"。《诗经》说："荼蓼朽止，黍稷茂止。"如此用心，一亩地可以有两亩地的收获。田地不扩大，亩数不增加，佃户有余粮，对主人也有利啊！蓄水用水，最讲究先后缓急，应当救急就要抓紧浇灌，应当等待就要静候时机，应当防涝就果断排水，这些情况只有良农、老农才懂得。无能农夫的问题有三：一是耕种失时，一是养护不力，一是灌溉无方。如果遇到丰收的年头，风调雨顺，懒惰无能的农夫也能轻易收获，他们的危害就会被掩盖而不被田主察觉。一旦遇到干旱，那不同佃户的区别就显现出来了。歉收的年头，田主获得一石粮食，价值能顶两石。到时候如果因为无能佃户遭受损失，后悔哪还来得及啊！

家里僮仆管理田庄的事务，总是喜欢无能的佃户不喜欢能干的佃户，因为能干的佃户一定家境殷实、生活体面，不愿意阿谀奉承别人，而且性格一定耿直纯朴，饮食一定节俭，不愿听由僮仆支使。无能的佃户一定性格懒惰、家境贫困，喜欢奉承讨好僮仆，听任其指挥，满足他们的胃口。两者方方面面都不一样，这就是僮仆喜欢无能佃户而不喜欢能干佃户的原因。至于两种佃户对主人的田地是好是坏，僮仆才不会顾及。他们甚至会对水旱灾害兴高采烈，因为这种情况下佃户的地租无法足额缴纳，他们就可以为所欲为。这些积弊陋习，怎么能不清楚？还有，能干佃户的居所，房屋整齐，园圃茂盛，树木葱郁，这些都是田主和僮仆力所不及之处，全靠佃户自己用心用力，无能佃户的情况则件件相反。这就是选择佃户是第一要务的原因。

简评

能力再强的人，也很难依靠单打独斗成功。如何选择得力的伙伴，是人生路上的重要一课。

人人喜欢被人捧着，人人喜欢听蜜语甜言。不谙世事的少年，还没有形成确切的是非观念，常常难以抵挡阿谀奉承的诱惑。古人早就说过"信言不美，美言不信"。要让孩子理解，选择伙伴的标准，是共同的目标，是有益的助力，而不是逢迎和恭维。能干的佃户都把心思放在了种田保田上，也就没有太多的心思去为田主提供"情绪价值"。但是凭借他们的努力，田主不但收获了田租，田地还得到了最好的养护。一样的道理，值得信赖的伙伴，往往心直而口快，并不会专门求取我们的欢心。但如果因为他们的努力，能够实现既定的目标，那一点点的失落并没有那么重要。

20

规划开支、远离负债，
建立可持续的生活方式

| 原文 |

　　余既言田产之不可鬻，而世之鬻产者比比而然，聪明者亦多为之，其根源则必在乎债负。债负之来，由于用度不经，不知量入为出，至举息既多，计无所出，不得不鬻累世之产。故不经者，债负之由也；债负者，鬻产之由也；鬻产者，饥寒之由也。欲除鬻产之根，则断自经费始。

　　居家简要可久之道，则有陆梭山"量入为出"之法在。其法，合计一岁之所入，除完给公家而外，分为三分：留一分为歉年不收之用，其二分，分为十二分，一月用一分。若岁常丰收，则是古人"耕三余一"①之法。值一岁歉，则以一岁所留补给；连岁歉，则以积年所留补给。如此，殆无举债之事。若一岁所入，止给一岁之用，一遇水旱，则产不可保矣！此最目前可见之理，而人不之察。陆梭山之法最详，即百金之产，亦行此法。使必富饶，而后可行，则大

---

① 耕三余一：耕作三年，可以积存一年的粮食。

误矣。且其法于十二分，又分三十小分，余恐其太烦，故止作十二分。要知古人之意，全在小处节俭。大处之不足，由于小处之不谨。月计之不足，由于每日之用过多也。若能从梭山每月三十分之，更为稳实。一月之中，饮食应酬宴会，稍可节者节之，以此一月之所余，另置一封，以周贫乏亲戚些小之急，更觉心安意适。

此专言费用不经，举债而鬻产之由。此外，则有赌博、狭斜①、侈靡，其为败坏者无论矣。更有因婚嫁而鬻业者，绝为可晒。夫有男女，则必有婚嫁，只当以丰年之所积，量力治装，奈何鬻累世仰事俯育之具，以图一时之华美？岂既婚嫁后，遂可不食而饱，不衣而温乎？呜呼，亦愚之甚矣！

——张英《恒产琐言》

| 译文 |

我已经说了田产不能卖，但是世上卖田产的人还是比比皆是，即使聪明人也常常这样，这种情况的根源一定是负债。负债的原因，是因为吃穿用度没有规划，不知道量入为出，以至于举债的利息越来越多，没有办法处理，不得不出卖祖传的产业。所以花钱没有规划，是因为负债；负债，是因为卖田；卖田，是因为饥寒。想要消除卖田的根源，一定要从规划日常花销开始。

---

① 狭斜：小街曲巷，多为妓女所居住的地方，代指妓院，此处指狎妓。

居家生活若想长久简省，可借鉴陆九韶先生的"量入为出"之法。此法是将一年的收入，在缴纳官府公粮之后，分成三份：一份作为歉收年份的储备，剩余两份再细分为十二份，每月使用其中一份。若年年丰收，这便是古人所言的"耕三余一"之法。若遇一年歉收，便动用当年储备应急；若连年歉收，则用过往积累补给。如此这般，大概便能免去举债之忧了。如果一年的收入，只供一年使用，一旦遇到水旱灾害，田产就保不住了！这是眼下最清楚的道理，但有人就是不明白。陆九韶先生的方法最详细，哪怕家资巨万，也要按照这个方法做。非要家中富裕后再这么做，是大错特错。而且，他的方法还会将十二份再分为三十小份，我害怕太过麻烦，只分为十二份就不再分了。要明白古人的用意，全在于从小处节俭。大处费用不足，是因为小处不谨慎；每月的花费不够，是因为每天的花销过多。如果像陆九韶先生一样再把每月花费细分为三十小份，就更加可靠。一个月当中，饮食应酬宴会的花销，能节约一点是一点，把一月余下来的钱，单独封存在一起，用来周济贫困的亲戚应付小急，内心更加踏实适意。

我这是专门阐述不规划花销，以致举债进而导致卖田的缘由。此外，还有赌博、狎妓、奢靡，这些都是道德败坏的做法，就不多说了。更有甚者，还有因为婚嫁而卖田的人，实在令人啼笑皆非。世间男女，婚嫁乃人生常事，只需拿丰年攒下的积蓄来筹备，量力而行即可，哪能为了一时的华美，就卖掉赡养老人和哺育子女所依赖的田地呢？难道婚嫁以后，人就不吃饭就能饱，不穿衣就能暖吗？哎呀，实在是愚蠢啊！

　　老一辈人常说:"吃不穷,穿不穷,算计不到一世穷。"吃穿用度,看起来都是小钱,但是大钱都是小钱汇集而来,只有把小钱用明白了,大钱才能用得明白。

　　很多人厌烦凡事规划,向往随心随性的生活。但是家业再大,不去谋划,都会有坐吃山空的一天。"你不理财,财不理你",想一想确实是特别有道理啊!与其事后追悔,不如事前规划。害怕规划的烦,就要吃穷困的苦。两者相较,还是先苦后甜,把"杂活""累活"提前做好。

　　陆九韶先生能把吃穿用度规划到每天,圊翁能规划到每个月,与两位先生相较,普通人肯定是"财"比不上,"才"也比不上,他们能做到的,我们也可以自勉。

怡情篇

人生不能无所适
以寄其意

01

人怎么能没有兴趣爱好呢?

| 原文 |

圃翁曰:人生不能无所适以寄其意。予无嗜好,惟酷好看山种树。昔王右军亦云:"吾笃嗜种果,此中有至乐存焉。"手种之树,开一花,结一实,玩之偏爱,食之益甘,此亦人情也。

阳和里五亩园①,虽不广,倘所谓"有水一池,有竹千竿"②者耶。花十有二种,每种得十余本,循环玩赏,可以终老。城中地隘,不能多植,然在居室之西数武③,花晨月夕,不须肩舆策蹇,自朝至夜分,可以酣赏饱看。一花一草,自始开至零落,无不穷极其趣,则一株可抵十株,一亩可敌十亩。

---

① 阳和里五亩园:阳和里是张英在桐城的居所笃素堂所在地,五亩园是阳和里南边的一片园林。

② 语出白居易《池上篇》。

③ 武:古时以六尺为步,半步为武。

山中向营赐金园①，今购芙蓉岛，皆以田为本，于隙地疏池种树，不废耕耘。阅耕是人生最乐！古人所云"躬耕"，亦止是课仆督农，亦不在沾体涂足也。

——张英《聪训斋语》

| 译文 |

圃翁说，人总需寻得一处寄托，安放自己的志趣与情怀。我没有什么嗜好，只是特别喜好看山种树。过去王羲之也曾经说过："我特别喜欢种植果树，其中有着极大的乐趣。"自己亲自种植的树木，开一季的花，结一季的果，玩赏果实特别快乐，品尝滋味尤感甘美，这也是人之常情。

阳和里的五亩园，地方虽然不大，但或许也符合诗中所说"有水一池，有竹千竿"的景致吧。花有十二种，每种十余株，四季玩赏，可以终老。城里地方狭隘，不能多种，然而园子在居室西边不远，早晨赏花、夜晚赏月，不须乘轿骑马，可以从早到晚尽情欣赏。如果从一花一草的开放到凋落，都去穷极其中的乐趣，那一株能顶十株，一亩可以当十亩。

我过去在山中营造赐金园，现今又购买了芙蓉岛，两处都以

---

① 赐金园：张英在桐城郊外营造的园林，所用资金为皇帝赏赐，故得名。后文芙蓉岛为其营造的另一处园林。

种田为本，只是在空地上挖掘水池种植树木，并不会废弃耕作。观察农耕是人生最快乐的事情啊！古人说"躬耕"，其实只是监督农夫耕作，并不会泥汗沾身、亲自下田。

简评

"人无癖不可与交，以其无深情也。人无疵不可与交，以其无真气也。"没有兴趣爱好的人，精力自然而然会放在玩人、弄权之类事情上。不但难以真诚，而且很难真善。

有时候，鼓励孩子学书学画学琴学棋，未必就是期望他们能够在专业上有所成就，或许只是希望他们可以用爱好排遣烦恼，用休闲颐养身心。

爱好不分三六九等。圃翁酷爱看山，常常一坐就是一天。谈不上高雅，却可称高洁。"清风朗月不用一钱买"，在与天地同频共振的过程中，听松风回响，看大雁一行，时间仿佛停止，世间宠辱皆忘。这不正是爱好存在的意义吗？

02

人生如梦，慢下脚步

| 原文 |

　　圃翁曰：山居宜小楼，可以收揽群峰众壑之势。竹杪^①松梢，更有奇趣。予拟于芙蓉岛南向构一小楼，题曰"千崖万壑之楼"。大溪环抱，群岫耸峙，可谓快矣！筑小斋三楹^②，曰"佳梦轩"。夫人生如梦，信矣！使夕梦至此，岂不以为佳甚耶？陆放翁梦至仙馆，得诗云"长廊下瞰碧莲沼，小阁正对青萝峰"^③，便以为极胜之景。予此中颇有之，可不谓之佳梦耶？香山诗云："多道人生都是梦，梦中欢乐亦胜愁。"^④人既在梦中，则宜税^⑤驾咀嚼其梦，而不当为梦幻泡影之

---

① 杪：意同后文"梢"字，指树梢。
② 楹：量词，间。
③ 语出陆游诗歌《梦游山水奇丽处有古宫观云云台观也》，原作"曲廊下阚白莲沼，小阁正对青萝峰"。大意为：从曲折的连廊下看，池中满是盛开的白莲花，我的小小居所，正对着绿意盎然的远峰。
④ 语出白居易诗歌《城上夜宴》，原作"从道人生都是梦，梦中欢笑亦胜愁"。大意为"向来人们都说人生如梦，可即使是梦中的欢笑，也远胜过生活的愁苦"。
⑤ 税：通"脱"。税驾，意为停车休息。

嗟。予固将以此为睡乡，而不复从邯郸道^①上，向道人借黄粱枕也。

——张英《聪训斋语》

| 译文 |

圃翁说，在山中居住，适宜选择小楼，居高临下可以将群峰众壑的气势尽收眼底。翠竹青松的树梢风姿摇曳，更有特别的趣味。我打算在芙蓉岛居所南面建造一栋小楼，名字就叫"千崖万壑之楼"。大的溪流环绕流淌，众多峰峦高耸挺立，真是快意！我还打算修筑三间小屋，取名叫"佳梦轩"。人生如梦，真的是这样啊！如果可以在这里一夜美梦，难道不会感觉特别幸福吗？陆游曾经梦到仙人宫殿，写下诗句"长廊下瞰碧莲沼，小阁正对青萝峰"，便以为自己看到的是极佳的风景。我的小楼小屋旁也有很多这样的风景，不也是做美梦的地方吗？白居易在诗中写道"多道人生都是梦，梦中欢乐亦胜愁"。既然人们都说人生如梦，那就应该停下脚步，好好玩味如梦的人生，不要空发人生虚幻易逝的喟叹。我已决心把这里当作自己梦想的田园，不会像《枕中记》里的卢生一样，在邯郸道上向仙人借来黄粱枕做些虚幻不实的梦。

---

① 邯郸道：与后文"黄粱枕"皆指"黄粱一梦"的典故。唐代沈既济所作《枕中记》载，卢生在梦中享尽富贵荣华，等到醒来，主人煮的黄粱还没有熟。

人生短短几十载，除去饮食休息这些满足生存需求的时间，真正能用来思考感受、做事成事的岁月非常短暂。短短的人生要如何度过，是每个人成长路上都曾或多或少思考过的问题。

其实，每个人都有自己独一无二的路，不必非要惊天动地，也不必非要经天纬地。圃翁晚年离群索居，专心看山看树。谁能说他在虚度时光？

人生如梦是许多人发自内心的感叹。垂垂老矣之时，人们能忆起的，往往只有生命里那闪光的点滴。作为父母，不必苛求孩子分秒必争，他生命中的每一秒，时间都会给予他应有的收获；也不必苛求孩子永不犯错，他的每一次"翻车"，岁月都会给予他成长的馈赠。

03

花木移植有学问

　　囮翁曰：移树之法，江南以惊蛰前后半月为宜。大约从土掘出之根，最畏春风，故须用土裹密，用草包之，不宜见风，甚不宜于隔宿。所以吴门、建业来卖花者，行千里，经一月而犹活，乃用金汁土①密护其根，不使露风之故。近地移植反不活者，不知此理之故也。其新生细白根，系生气所托，尤不当损。人但知深根固蒂，不知亦不宜太深种植。书谓"加旧迹一指"②，若太深则泥水伤树皮，断然不茂矣。

　　凡树大约花时移，则彼精脉③在枝叶，易活，于桂尤甚。花已有蓓蕾，移之多开，然此最泄气。故移树而花盛开者，多不活。惟叶茂，则其树必活矣。牡丹移在秋，当春宜尽去其花，若少爱惜，则其气泄，树即活亦不茂，数年后多自萎。树之作花甚不易，气泄则

---

① 金汁土：指用粪水浇灌的土壤。
② 大意为"移植后花木埋土的位置，要到过去埋土位置上面一指的地方"。
③ 精脉：精气血脉，此处可以理解为树木维系生命的力量。

本伤。古人云："再实之木，其根必伤。"人之于文章、功名也亦然，不可不审也！

——张英《聪训斋语》

| 译文 |

圃翁说，江南地区移植花木，一般选在惊蛰节气前后半个月比较适宜。大概来说，从土里挖掘出来的根须，最怕春风侵袭，所以要用土壤裹严，再用茅草包住，特别注意不要隔夜再移植。从吴门、建业等地过来卖花的人，行程千里，花木历经一个月还能存活，就是用金汁土严密保护根须，不让根须暴露在风中的缘故。从很近的地方移植，花木反而不活，也是因为不懂这个道理。那些新生的细白根须，是花木生长气息的依托，尤其不该损伤。人们只知道移植的时候深埋根须才能保证花木成活，却不知道其实也不应该埋土过深。书上说"移植后花木埋土的位置，要到过去埋土位置上面一指的地方"，如果埋土过深，会让泥水损伤树皮，花木肯定不会茂盛。

大凡花木，都要在开花的时候移植，因为这时花木的精气血脉都在枝叶上，容易成活，对桂树来说尤其如此。如果花木已经长出蓓蕾，虽然蓓蕾在移植之后多半还会开放，但这样最容易损伤花木的生命力。所以移植后花朵盛开的花木，多半不会成活。在枝叶茂盛的时候移植，则花木一定能够成活。移植牡丹应该选在秋天，春天时应把花朵都去除，如果稍有顾惜，就会导致它的生命力损伤，即使移植活了也不会茂盛，几年后就自己枯萎了。树木开一次花很不容易，如果生命力受损就会伤及根本。古人说："再实之木，其根必伤。"人写作文章、求取功名也是这个道理，不可不体悟啊！

简评

　　每个人都生活在寻常的生活里，为什么时间久了就有高下之分？很大原因在于有的人善于在寻常生活中反思、归纳、总结。这种举一反三的能力，时间久了，积少成多，会给人带来巨大的改变。

　　圃翁给孩子讲述移植花木的方法，不但教会了孩子一门技能，还循循善诱，教育孩子要善于观察、善于思考、善于从寻常的生活里发掘新知。这给我们的启示在于，父母陪伴孩子成长，不能只满足于提供容身之所和保暖所需，更要注重提供精神养分，帮助孩子寻找看待世界的正确角度，掌握为人处世的正确方式，这才是教育的应有之义。

04

花草可以治愈世间一切烦恼

┃ 原文 ┃

予生平嗜卉木，遂成奇癖，亦自觉可哂①。细思天下歌舞声伎、古玩书画、禽鸟博弈之属，皆多费而耗物力，惹气而多后患，不可以训子孙。惟山水花木，差可自娱而非人之所争。草木日有生意，而妙于无知，损许多爱憎烦恼。

京师难于树植，艰于旷土。书阁中置盆花数种，滋培收护，颇费心力，然亦可少供耳目之玩。琴荐书幌②、床头十笏之地③，无非落花填塞，亦一佳话也。

——张英《聪训斋语》

---

① 可哂：可笑，哂音 shěn。

② 琴荐书幌：琴垫和书斋帷幕，代指书房。

③ 十笏之地：形容地方狭小。笏，指笏板，大臣上朝时拿在手里用以记事的板子。

　　我平生喜爱花卉草木，逐渐养成特别的嗜好，自己也觉得可笑。细想一下，天下那些歌姬舞女、古玩字画、禽鸟赌博等，无不费钱费力，还会招惹麻烦、徒生祸患，不能拿来教导子孙。只有山水花木，是无人争抢却可以用以自娱的事物。花草树木每天都有新的生机，且好在无知无觉，让人少了不少爱憎烦恼。

　　京城缺少空地，种植花木并不容易。我在书房里放置数盆花木，浇水培土用心养护，虽然很费心力，但是也能愉悦身心。书房之中的狭小空间，被各种花木填满，也是美事一桩啊！

| 简评 |

　　草木从来不言不语，却因特性而被赋予了许多中国人向往的品质。比如梅兰竹菊"四君子"，有的因为傲雪怒放而被认为高洁，有的因为香气清远而被认为高雅，有的因为正直淡泊而被认为有节，等等。

　　其实，为草木赋予"人格"，不过是人们托物言志，将它们作为纷繁俗世里内心世界的寄托罢了。我们把它们想象成自己卓尔不群的好朋友，激励自己见贤思齐。今日喜爱草木者众，却少有人讲草木之品格。莳花弄草之余，不妨拿出些时间研读琢磨，或许会爱得更加深切。

05

山林之乐，最是难得

| 原文 |

圃翁曰：予尝言享山林之乐者，必具四者而后能长享其乐，实有其乐，是以古今来不易觏①也。四者维何？曰"道德"、曰"文章"、曰"经济"②、曰"福命"。

所谓"道德"者，性情不乖戾，不黢刻③，不褊狭，不暴躁，不移情于纷华，不生嗔于冷暖，居家则肃雍简静，足以见信于妻孥。居乡则厚重谦和，足以取重于邻里。居身则恬淡寡营，足以不愧于衾影④。无忤于人，无羡于世，无争于人，无憾于己。然后天地容其隐逸，鬼神许其安享，无心意颠倒之病，无取舍转徙之烦。此非"道德"而何哉？

佳山胜水，茂林修竹，全恃我之性情识见取之。不然，一见而悦，数见而厌心生矣。或吟咏古人之篇章，或抒写性灵之所见，一

---

① 觏：音 gòu，遇见。
② 经济：指经世济民的才能。
③ 黢刻：黢音 xī，刻薄的意思。
④ 衾影：指自己。

字一句便可千秋，相契①无言亦成妙谛。古人所谓"行到水穷处，坐看云起时"②，又云"登东皋以舒啸，临清流而赋诗"③，断非不解笔墨人所能领略。此非"文章"而何哉？

夫茅亭草舍，皆有经纶④。菜陇瓜畦，具见规画。一草一木，其布置亦有法度。淡泊而可免饥寒，徒步而不致委顿，良辰美景而匏樽不空，岁时伏腊⑤而鸡豚可办。分花乞竹⑥，不须多费而自有雅人深致。疏池结篱，不烦华侈而皆能天然入画。此非"经济"而何哉？

从来爱闲之人，类不得闲。得闲之人，类不爱闲。公卿将相，时至则为之。独是山林清福，为造物之所深吝。试观宇宙问几人解脱？书卷之中亦不多得。置身在穷达毁誉之外，名利之所不能奔走，世味之所不能缚束。室有莱妻⑦，而无交谪之言。田有伏腊，而无乞米之苦。白香山所谓"事了心了"⑧。此非"福命"而何哉？

---

① 相契：一般指相交深厚，此处可理解为与自然和谐相处。

② 语出王维《终南别业》，大意为"走到水流的尽头，坐看云雾升起"，描写闲居的恬淡心境。

③ 语出陶渊明《归去来兮辞》，大意为"登上东边的高山大声呼喊，走到清澈的水边吟咏诗篇"，描写闲居的惬意生活。

④ 经纶：原指整理丝线，此处可理解为筹措规划。

⑤ 伏腊：指古代夏冬两次的祭祀伏祭和腊祭，代指一年中的节日。本篇后文"田有伏腊"中的"伏腊"，另指四季的作物，代指粮食。

⑥ 分花乞竹：把花朵分给他人栽种，向他人讨要竹子来种。

⑦ 莱妻：汉代刘向《列女传》载，老莱子隐居于山林，楚王遣使聘其出仕。老莱子心动，但是其妻以"今先生食人酒肉，受人官禄，为人所制也，能免于患乎"等话语加以劝止。后以莱妻代指贤妻。

⑧ 大意为"没有俗事叫人担忧，也没有心事扰乱心智"。

四者有一不具，不足以享山林清福。故举世聪明才智之士，非无一知半见。略知山林趣味，而究竟不能身入其中，职此之故也。

——张英《聪训斋语》

| 译文 |

圃翁说，我曾经说过，想要享受山林之乐的人，必须具备四点，才能真正长久地享受其中的乐趣。正因如此，古往今来，能真正享受山林之乐的人很少。这四点是什么？是"道德""文章""经济"和"福命"。

所谓"道德"，是指性情不乖张暴戾，不尖酸刻薄，不偏执狭隘，不暴虐急躁，面对纷繁世界不迷失方向，面对人情冷暖不心生怨气。在家中，若能恭敬平和、简约沉静，便足以赢得妻子儿女的信任；在乡里，若能敦厚持重、谦虚平和，便足以获得街坊邻里的看重；立身处世，若能淡泊恬静、不计名利，便足以对得起自己的内心。不忤逆他人，不羡慕世俗，与人无争，于己无憾。然后皇天后土才会容许他隐逸于世，神明鬼怪才会容许他安享一生，没有神魂颠倒的困扰，没有取舍走留的烦恼。这不是"道德"是什么？

那佳山胜水，茂林修竹，皆需凭借我们的性情与见识，方能领略其中的妙趣。不这样，纵使一见倾心，经常见也会心生厌烦。而有时吟咏古人的名篇，有时抒写内心的洞见，一字一句都可能流传后世，默默无言也能体味其中妙处。古人所说的"行到水穷处，坐看云起时"，又说"登东皋以舒啸，临清流而赋诗"，这是不通文墨的人万万无法领会的。这不是"文章"是什么？

茅亭草舍，都经过了一番筹措。菜地瓜田，都有布局规划。一草一木，都有安置的章法。淡泊名利却能够免遭饥寒，徒步远行而不致精神萎靡。良辰美景之时杯有美酒，岁末年节之时家有猪鸡。分栽花朵，移种翠竹，不须增加花费就能获得雅趣情致。疏浚池塘，构建篱笆，不须华丽奢侈就能增加如画美感。这不是"经济"是什么？

那些向往清闲的人，往往难以真正得闲；而真正能得闲的人，却又大多不愿清闲。公卿将相的位置，时机到了就能得到。只有山林清福，造物主特别吝惜，不会轻易给予。放眼天下，能从俗世纷扰中解脱出来的人，又有几个呢？即便是在浩如烟海的书卷之中，这样的人也寥寥无几。他们超脱于穷困与显达、损毁与赞誉之外，不为名利奔忙，不被世俗束缚。家有贤妻，不会互相埋怨。田有余粮，不为生计发愁。这就是白居易所说的"事了心了"。这不是"福命"是什么？

这四点有一点不具备，就不足以享受山林清福。世上聪明有才智的人，并非对此一无所知。他们都知晓一些山林的趣味，而最终不能身入其中，都是因为这些原因罢了。

简评

世事纷扰，我们常常感叹，几时才能得闲。其实，得闲是一种心境，一种无论世界如何纷繁复杂，我自怡然自得的心境。

这份心境，需要淡泊豁达，如果醉心名利，则失之于"急"；需要美人之美，如果眼界蒙尘，则失之于"俗"；需要筹划争取，如果挥霍浪掷，则失之于"奢"；当然也需要一点点人生的运气，抓紧人生中不多的转机，才不会失之于"命"。或许这就是圃翁所谓"道德、文章、经济、福命"吧！

有人说，"道德""文章""经济"有解，而"福命"不可求。其实不必过于关注机遇何时降临，"你只管努力，剩下的交给天意"。人的希求，大抵都要先"向内求"，才可能获得被命运垂青的机会。

06

苍松古柏，不敢亵玩

辛巳春分日，予携大郎、二郎、六郎出西直门，过高梁桥，沿溪水至法华寺，饭于僧舍。因至万寿寺时，甫移华严钟于后阁，尚未悬架，遂过天禧宫看白松。盖余最心赏古松，枝干如凝雪，清响如飞涛，班剥离奇，扶疏诘曲，枝枝入画，叶叶有声，如对高人逸士，不敢亵玩。京师寺观此种为多，而时代久远，则无过天禧宫者。共二十余株，皆异态殊形，可谓巨观①矣！是行也，春寒初解，野色苍茫，然已有融润之气。得小诗曰："缘溪来古寺，石堰旧河梁。冰泮②波澄绿，

---

① 巨观：壮观。
② 泮：音 pàn，融解。

风轻柳曲黄。苔痕春已半，松影日初长。篮笋^①携诸子，僧寮野蕨^②香。"^③

——张英《聪训斋语》

译文

辛巳年春分日，我带着长子廷瓒、次子廷玉、六子廷瓘，从西直门出城，经过高梁桥，沿着溪水到达法华寺。在寺院吃过饭后，又从法华寺到万寿寺。寺内的华严钟刚刚被移到后殿，还没被悬挂起来。于是我们就前往天禧宫观赏白松。我最喜欢白松，它的枝干如同覆盖着皑皑白雪，清风吹过响声犹如波涛飞溅，树皮斑驳、形态离奇，枝叶曲折、疏密有致，每根枝条都可入画，每片树叶都有声响。面对它们，就像面对飘逸高洁的君子，不敢亲近亵渎。京师的寺庙道观里白松很多，但以种植年份来看，数天禧宫的白松最久远。这里的白松总共二十多株，形态各异，实在是壮观啊！这次出行，正是春寒料峭时节，田野一片苍茫，但也已经有了温暖湿润的气息。我做了一首小诗："缘溪来古寺，石

---

① 篮笋：指竹轿。
② 野蕨：指野菜。
③ 大意为：顺着小溪来到古寺，中途翻越古旧的堤坝和桥梁。河冰消融，绿波荡漾，清风拂柳，枝叶鹅黄。青苔泛青，春天已经过了一半，树影婆娑，清早的太阳照射，树影拖得很长。带着几个幼子乘坐竹轿出游，僧舍里品尝的野菜格外清香。

堰旧河梁。冰泮波澄绿，风轻柳曲黄。苔痕春已半，松影日初长。篮笋携诸子，僧寮野蕨香。"

简评

　　"今人不见古时月，今月曾经照古人。"生活在北京的人，对西直门、高粱桥、万寿寺这些地方耳熟能详。几百年过去，河水仍在静静流通，路旁仍有白皮松在迎风歌唱。几百年前的大学士都能放下繁忙的公务携子出游，我们更没有理由蜗居斗室"不见天日"。

　　放下手机，喊上孩子，一家人走出门去，沐浴春天的微风，呼吸田野的气息，回归自然的怀抱，不但可以心旷神怡、宠辱皆忘，还能借此舒缓孩子因为繁忙学业而紧绷的神经，放松因为读书学习而疲惫的眼睛，实在是美事一桩。

07

游山如读书，浅深在所得

| 原文 |

圃翁曰：山色朝暮之变，无如春深秋晚。四月，则有新绿，其浅深浓淡，早晚便不同。九月，则有红叶，其赪黄茜紫[1]，或映朝阳，或回夕照，或当风而吟，或带霜而殷，皆可谓佳胜之极。其他则烟岚雨岫[2]，云峰霞岭，变幻顷刻，孰谓看山有厌倦时耶？放翁诗云"游山如读书，浅深在所得"[3]，故同一登临，视其人之识解学问，以为高下苦乐，不可得而强也。予每日治装入龙眠[4]，家人相谓："山色总是如此，何用日日相对？"此真浅之乎言看山者。

——张英《聪训斋语》

---

① 赪黄茜紫：红色、黄色、绛红、紫色等。赪，音 chēng，意为红色。
② 烟岚雨岫：山林缭绕雾气，峰峦斜风细雨。岚，指山林中的雾气。岫，指峰峦。
③ 陆游原诗为"游山如读书，深浅皆可乐"，大意为"游览山川好比读书，体会的深浅在于个人的修养和悟性"。
④ 龙眠：指龙眠山，张英故乡安徽桐城的名山。

圃翁说，山色朝暮之间的变化，数晚春和深秋时节最明显。四月，有新绿装点，深浅浓淡，从早到晚都有变化。九月，有红叶点缀，红黄绛紫，颜色各异，有时洒满金色朝阳，有时映照夕阳霞光，或迎风歌唱，或经霜红透，都可说是极佳的美景。其他的情景，比如山林雾气缭绕，峰峦斜风细雨，云层挤压山峰，霞光铺满山岭，顷刻之间就会变幻万千，谁说看山会有厌倦的时候啊？陆游诗中写道："游山如读书，浅深在所得。"所以即使是登临同一座山，也会因为登山者学识见解的差异，而产生高下不同、苦乐有别的感受，这是无法勉强的事。我每天收拾妥当到龙眠山赏山，家人就对我说："山色一直是这样，何必每天都去观赏？"这句话对真正看山的人来说，真是浅薄啊！

简评

人活在天地之间，需要一双发现美的眼睛，也需要一颗懂得欣赏的心灵。正如圃翁所说，世间美景千千万万，但并不是每个人都能发现它们的美。即使是登临同一座山，也会因为登山之人学识见解的差异，而产生高下不同、苦乐有别的感受。龙眠山之美，四季不同，但大多数人却浑然不觉。他们或许匆匆路过，却从未停下脚步去仔细欣赏。

然而，一个真正懂得欣赏山的人，却能从每一次登山中获得不同的感悟。他们不会因为山色的重复而感到厌倦，反而会在每一次的观赏中发现新的美。圃翁心中有山，眼中就是山，笔下就能成山。他用细腻的笔触，将山的美定格在纸上，让那些未曾察觉的人也能感受到山的魅力。

　　明白了这个道理，无论是落笔写作，还是起笔绘画，都要从细致观察这个世界开始，从感悟这个世界开始，从内心装下这个世界开始。只有当我们真正用心去感受生活中的每一处细节，才能发现那些被忽略的美好。

品艺篇

琴到无人听处工

01

唐诗如缎如锦，宋诗如纱如葛

原文

　　圃翁曰：唐诗如缎如锦，质厚而体重，文丽而丝密，温醇尔雅，朝堂之所服也。宋诗如纱如葛，轻疏纤朗，便娟适体，田野之所服也。中年作诗，断当宗唐律；若老年吟咏，适意阑入于宋，势所必至。立意学宋，将来益流而不可返矣。五律断无胜于唐人者，如王、孟五言，两句便成一幅画。今试作五字，其写难言之景，尽难状之情，高妙自然，起结超远，能如唐人否？苏诗五律不多见。陆诗五律太率，非其所长。参唐宋人气味，当于五律见之。

——张英《聪训斋语》

译文

　　圃翁说，唐诗如同锦缎，质地厚实、形制稳重，纹饰华丽、丝织细密，风格端庄雅正，恰似达官贵人在正式场合所穿的礼服；宋诗如同纱葛，轻巧宽松、纤薄明快，给人随意舒适之感，犹如黎民百姓日常生活中所穿的便服。中年以后作诗，一定要以唐代律诗为范本。人到老年吟咏诗歌，为追求轻松自在而逐渐糅入宋诗的感觉，也是势所必然。如果立志学习宋诗，将来就会一发而不可收，难以回到庄重典雅的境界了。五言律诗方面没有能超越唐人，比如王维、孟浩然的五言诗，两句话就能描绘出一幅画。如今试写五个字，描绘难以言说的风景，陈述难以表达的情绪，兼具高超神妙的写法和一气呵成的气势，起头结尾都意境深远，我们能达到唐人的水平吗？苏轼的五言律诗并不多见。陆游的五言律诗词句太过轻率，不是他所擅长。参悟唐宋诗人的笔下韵味，还是要从他们的五言律诗入手。

简评

诗词的载体是文字，内涵却是中国士人的思想、品德和操守。引导孩子读诗词，一定要把其中蕴含的"仁、义、礼、智、信"提炼出来，帮助他们建立正确的价值观念，努力用诗词培育一个"好"人。

诗词的妙处是韵味，韵味里饱含着中国士人的志趣和品味。引导孩子读诗词，一定要与他们共情作者的喜、怒、忧、思、悲、恐、惊，丰富自我情感世界，修筑属于他们自己的精神家园。

所以，读古诗词，一定要贴近作者的"道"，理解作者的"志"，切不可为了读而读，泛泛不解其意。

02

杜少陵诗温厚沉着，白香山诗潇洒爽逸

| 原文 |

　　余常与同人论诗，戏为粗浅之语曰："杜少陵诗，一团温厚沉着之气，冬月读之令人暖。白香山诗，一派潇洒爽逸之气，夏月读之令人凉。"同人颇以为确，不以为粗浅而哂之也。

——张廷玉《澄怀园语》

| 译文 |

　　我常常和同好之人讨论诗歌，开玩笑说过一些粗浅的话："杜甫的诗歌，有一团温厚深沉的暖意，冬天读来让人温暖。白居易的诗歌，则是一派潇洒飘逸的气息，夏日读来让人清凉。"对方感觉很贴切，并不因为话说得粗浅而笑话我。

简评

　　常常见到一些父母，特别热衷于要求孩子背古诗。也常常见到一些孩子，背古诗张口就来，滚瓜烂熟。可当你问他们诗里说了些什么，孩子常常一无所知，父母也语焉不详。这样背诵古诗，其实是囫囵吞枣。

　　学习古诗，一则要体会内容之美，这是基础，如果连诗写了什么都不清不楚，那背诵就是机械记忆。二则要体会内涵之美，通过作者由景色生发的联想、想象，由事件引发的感想、议论，了解作者内心隐含的写作目的。三则要慢慢领悟古诗的文字之美。古诗特别讲究工整对仗、平仄押韵，白话文虽然不再有这样严格的要求，但是如果能从古诗中受到启发，同样能让自己的白话文文章倍增光彩。

03

琴到无人听处工

圃翁曰：昌黎《听颖师琴》诗有云"呢呢儿女语，恩怨相尔汝。忽然势轩昂，猛士赴战场"[1]，又云"失势一落千丈强"[2]。欧阳公以为琵琶诗，信然！予细味琴音，如微风入深松，寒泉滴幽涧，静永古澹。其上下十三徽[3]，出入一弦至七弦，皆有次第。大约由缓而急，由大而细，极于和平冲夷为主，安有"呢呢儿女"忽变为"金戈铁马"之声？常建《琴》[4]诗："江上调玉琴，一弦清一心。泠泠七弦遍，万木沉秋阴。能令江月白，又令江水深。始知枯桐枝，可以徽

---

[1] 大意为"琴声好似情侣之间呢喃耳语，其中间杂撒娇嗔怪的声音。忽然之间气势变得激越轩昂，好似猛士策马扬鞭出发前往战场"。此四句与后文"失势一落千丈强"皆为《听颖师弹琴》中诗句。圃翁所述与原文略有出入。

[2] 大意为"努力攀援，却一朝失足跌落万丈深渊"，表达琴声婉转，也暗指个人境遇。

[3] 十三徽：古琴上用以标记音位的点，共十三处。

[4] 指唐代诗人常建所作诗歌《江上琴兴》，圃翁所记与原文略有出入。诗歌大意为：泛舟江上拨弹玉琴，每弹拨一下琴弦，心情就能清净一分。七根弦抚弹一遍，声音清越婉转，林木沉寂，树影婆娑。琴声让江月更加皎洁，让江水更显幽深。在琴声里，我才知道桐木制作的古琴，为什么配得上黄金的琴徽。

黄金。"真可谓字字入妙，得琴之三昧①者！味此，则与昌黎之言迥别矣。

古来士大夫学琴，类不能学多操。白香山止《秋思》一曲，范文正公止《履霜》一曲。高人抚弦动操，自有夷旷冲澹之趣，不在多也。古人制琴一曲，调适宫商，但传指法。后人强被以语言文字，失之远矣。甚至俗谱用《大学》及《归去来辞》《赤壁赋》强配七弦，一字予以一音，且有以山歌小曲溷之者。其为唐突古乐甚矣，宜为雅人之所深戒也！

大抵琴音以古淡为宗，非在悦耳。心境微有不清，指下便尔荆棘。清风明月之时，心无机事，旷然天真，时鼓一曲，不躁不懒，则缓急轻重合宜自然，正音出于腕下，清兴超于物表。放翁诗曰"琴到无人听处工"②，未深领斯妙者，自然闻古乐而欲卧，未足深论也。

——张英《聪训斋语》

| 译文 |

圃翁说，韩愈《听颖师弹琴》诗里写道"呢呢儿女语，恩怨相尔汝。忽然势轩昂，猛士赴战场"，又写道"失势一落千丈

---

① 三昧：佛教用语，代指事物要诀、真谛。
② 原文为"诗到无人爱处工"，大意为"超越世俗趣味的琴声才是最雅正的音乐"。

强"。欧阳修认为这是一首描写琵琶弹奏的诗，确实是这样啊！我细细品味琴声，好似微风吹入深山老林，清凉的泉水滴落深涧，沉静隽永、古朴淡雅。古琴上共有十三徽，弹拨一弦到七弦，都有顺序和规律。大约是由缓慢到急促，由洪亮到细微，最终还是以平和冲淡的音调为主，怎么可能由"呢呢儿女"之类的轻声细语忽然转变为"金戈铁马"一样的激越声调？常建《江上琴兴》诗里写道"江上调玉琴，一弦清一心。泠泠七弦遍，万木沉秋阴。能令江月白，又令江水深。始知枯桐枝，可以徽黄金"。真可以说字字神妙，悟到了弹琴的真谛！这样的体会，和韩愈的琴诗完全不同。

古往今来士大夫弹琴，大多不能学习很多曲目。白居易只弹《秋思》一曲，范仲淹只弹《履霜》一曲。高雅之人抚琴弹曲，自然有一种平和旷达、冲和淡泊的意趣，并不在于他会弹多少曲目。古人创作一首琴曲，调试好音调，只会将弹奏指法流传下去。后人强加上些语言文字，实际上与古人的本意差得很远。甚至有些流通甚广的通俗曲谱还用《大学》《归去来辞》《赤壁赋》等篇目强配七弦曲调，一个字配一个音，甚至还有将山歌小曲夹杂其中的情况。这太亵渎古乐名曲了，高雅的人应该深以为戒！

大体说来，所有的琴音都以古朴淡雅为宗旨，并不一定悦耳动听。弹奏者心中稍不清净，弹奏就会生涩不畅。待到清风朗月之时，摒弃私心杂念，心境旷达，释放天性，即兴抚琴一曲，不急不慢，曲调的轻重缓急合宜自然，正音雅乐从腕下奔涌而出，清雅的志趣自然超越世俗。陆游的诗中写道"琴到无人听处工"，没有深刻领悟到这一奥妙的人，自然一听到古乐就昏昏欲睡，这样的人就不值得多说了。

简评

　　学习一样乐器，是陶冶性情的方式。弹奏一首乐曲，是表达内心的途径。指望通过学艺求名求利，把技艺当作上升的阶梯，出发点就错了。这样不但难以在技艺上精进，更丧失了学习的本心。

　　学琴须有琴心，保持内心的纯粹，保持专注的神情，保持内心的热爱。清风朗月之下，心无杂念，信手拨弦，乐曲由腕下奔涌而出，纵使笨拙没有技巧，仍可抒发心境，自带风采。所谓"心境微有不清，指下便尔荆棘"，说的就是这个道理。

04

学习书法，要专注才能精进

| 原文 |

学字当专一。择古人佳帖或时人墨迹与己笔路相近者，专心学之。若朝更夕改，见异而迁，鲜有得成者。楷书如端坐，须庄严宽裕，而神采自然掩映。若体格不匀净，而遽讲流动，失其本矣！

汝小字可学《乐毅论》[①]。前见所写《乐志论》[②]，大有进步。今当一心临仿之。每日明窗净几，笔精墨良，以白奏本纸临四五百字，亦不须太多，但工夫不可间断。纸画乌丝格，古人最重分行布白，故以整齐匀净为要。学字忌飞动草率，大小不匀，而妄言奇古磊落[③]，终无进步矣！

行书亦宜专心一家。赵松雪[④]佩玉垂绅[⑤]，丰神清贵，而其原本

---

① 《乐毅论》：东晋王羲之的小楷作品。

② 《乐志论》：明代董其昌的小楷作品。

③ 奇古磊落：奇特古朴，错落有致。

④ 赵松雪：指赵孟頫，元代书法家。

⑤ 佩玉垂绅：佩戴玉饰，束带飘垂，是古代士大夫的装束，此处形容赵孟頫书法清雅庄重。

则出于《圣教序》^①《兰亭》，犹见晋人风度，不可訾议之也。汝作联字，亦颇有丰秀之致。今专学松雪，亦可望其有进，但不可任意变迁耳。

——张英《聪训斋语》

| 译文 |

学习书法要一心一意。选择古人的好字帖或者与自己笔法相近的当代人书法作品，专心致志地学习。如果一日三变、见异思迁，很难有收获。楷书好像人正襟危坐，字体必须庄重宽松，字的神采自然而然从中显现。如果字体还不够匀称干净，就急于追求流利灵动，是舍本逐末的做法！

你写小字时可以学习《乐毅论》。之前见你所摹写的《乐志论》，大有进步。现今应该一心临摹仿写。每天窗明几净，准备精良笔墨，使用白奏本纸临写四五百字，也不用写太多，但是功夫不可间断。把白奏本纸打上黑线格，古人写书法最讲究字体结构、行列设置，所以要以字体整齐干净为要领。写字切忌字体舞动、字画草率、大小不一，却胡说是奇特古朴、错落有致，这样下去最终不会有什么进步！

写行书也要专学一家。赵孟頫的字体像佩戴玉饰、束带飘垂

---

①《圣教序》：唐代怀仁和尚从王羲之书法作品中集字整理而成的书法字帖。

的古代公卿一样，风采清雅庄重，他的字体源自《圣教序》和《兰亭集序》等王羲之字体，仍能从中窥见晋代人书法的神韵和风采，不可妄加非议。你写的楹联，颇有丰满秀雅的韵味。如今可以专门学习赵孟頫，希望你能有进步，但要记得不能随意变换风格。

简评

俗话总说学贵有恒。这个"恒"，首先是"恒心"，不在贪多，在于坚持。好比学书，只需每日几百字，日积月累，水平自然能够突飞猛进。这个"恒"，还在于"恒志"，要选择方向，集中发力。还是学书，要找"墨迹与己笔路相近者"，这样上手才快，学习的兴致才高，最忌"朝更夕改，见异而迁"，目标一日三变，水平难有改变。

世上的事情大抵道理相通，结合自己所长，锚定自己的前进方向，在选定的道路上坚持坚持再坚持，终会跨越艰难险阻，有所成就。

05

练字即练心，写字如做人

| 原文 |

楷书如坐如立，行书如行，草书如奔。人之形貌虽不同，然未有倾斜跛侧为佳者。故作楷书，以端庄严肃为尚，然须去矜束拘迫之态，而有雍容和愉之象，斯晋书之所独擅也。分行布白^①，取乎匀净，然亦以自然为妙。《乐毅论》如端人雅士，《黄庭经》如碧落仙人，《东方朔像赞》如古贤前哲，《曹娥碑》有孝女婉顺之容，《洛神赋》有淑姿纤丽之态。盖各象其文，以为体要，有骨有肉。一行之间，自相顾盼，如树木之枝叶扶疏，而彼此相让，如流水之沦漪杂见，而先后相承。未有偏斜倾侧、各不相顾，绝无神彩步伍^②连络映带，而可称佳书者。细玩《兰亭》，委蛇生动，千古如新；董文敏^③书，大小疏密，于寻行数墨之际最有趣致，学者当于此参之。

——张英《聪训斋语》

---

① 分行布白：书法术语，指通过安排字体点画布局和字、行之间的关系，使字的上下左右相互影响，相互联系，使书法作品协调美观。

② 步伍：军队操演前行的队伍。

③ 董文敏：指董其昌，明代书画家。

楷书好比是端坐肃立的人，行书好比是健步行走的人，草书好比是一路狂奔的人。人的样貌体态千差万别，但没有人会认为身斜跛脚漂亮。所以写楷书，以端庄严肃为佳，同时须去除拘谨束缚的形态，展现大方舒展的气象，这也是晋代书法独有的特点。字体结构、行列设置须匀称整洁，当然如果能够自然大方最好。《乐毅论》的字像端正文雅的正人君子，《黄庭经》的字像潇洒飘逸的天外飞仙，《东方朔像赞》的字像沉静持重的古代圣贤。《曹娥碑》有孝女般柔美和顺的面貌，《洛神赋》则充满秀丽纤巧的姿态。书法作品的形态要与文字内容相协调，学习书法须以此为纲要，做到有骨有肉。一行字之内，也要相互照应，像树木枝叶一样高低疏密、错落有致，互不遮挡，像流水的涟漪一样此起彼伏却前后相连。我没有见过歪歪斜斜、头尾不顾、一点前人作品的神韵和勾连技巧都没有却还能被称为佳作的。仔细揣摩王羲之的《兰亭集序》，它的字体曲折生动，历经千年依旧光彩如新；董其昌的书法作品，字体大小疏密错落排布，字里行间特别体现他的风格技巧，学习书法的人可以以此参照学习。

简评

学习学习，要学也要习。

学，是熟练事物的外在形式和内在规律。学的过程，不能浮于表面，也不能流于形式。学书法，首要就要区分不同字体的差异，从横竖撇捺的写法到间架结构的技巧，都要烂熟于心。

习，是通过重复练习把所学知识相互联系，举一反三、触类旁通。练书法，要通过日复一日的重复劳动，在刻板的动作习惯中悟到：楷书虽讲究端正，却最忌讳拘束的形态；草书看似没有章法，却最讲究分行布白。

万物万事自有其发展的规律。如果不懂得深学，知识就难成体系，记忆就难以牢固，必然陷入劳而无功的困境。如果不懂得细悟，所学必然不深不透，提升必然难上加难。圣人所谓"学而不思则罔，思而不学则殆"，即是此意。

养生篇

人之一身，与天时相应

01

养生，一定要养精气神

| 原文 |

古人读《文选》^①而悟养生之理，得力于两句，曰："石蕴玉而山辉，水涵珠而川媚。"^②此真是至言！尝见兰蕙、芍药之蒂间，必有露珠一点，若此一点为蚁虫所食，则花萎矣。又见笋初出，当晓则必有露珠数颗在其末，日出则露复敛而归根，夕则复上。田间^③有诗云"夕看露颗上梢行"是也。若侵晓入园，笋上无露珠，则不成竹，遂取而食之。稻上亦有露，夕现而朝敛。人之元气全在于此。故《文选》二语，不可不时时体察，得诀固不在多也！

——张英《聪训斋语》

---

① 《文选》：指《昭明文选》，南朝梁昭明太子萧统组织编选的诗文总集。
② 语出西晋陆机《文赋》，"涵"在原文中作"怀"。原意为山石中蕴藏美玉，整座山因此增光；流水中蕴藏珍珠，整条河因此妩媚。
③ 田间：指钱澄之，明末清初文学家。

| 译文 |

古人阅读《文选》时悟出的养生之道，最有力的有两句，即："石蕴玉而山辉，水涵珠而川媚。"这真是至理名言啊！试看兰蕙、芍药的花蒂，上面一定会有一点露珠，如果露珠被蚂蚁吃掉，花朵就会枯萎。再看初生的竹笋，清晨一定会有数颗露珠在笋尖之上，日出后露珠就聚敛回到根部，傍晚又会回到笋尖。钱澄之先生的诗"夕看露颗上梢行"描述的就是这一场景。如果拂晓时分进园，发现笋尖上没有露珠，那它是长不成竹子的，只能挖出来吃掉。稻谷上也有露珠，晚上显现、早上收敛。人的元气就像露珠，集中了人体的精气神。所以《文选》中的这两句话，不可不时时体悟思考，养生的诀窍在精不在多啊！

简评

"石蕴玉而山辉，水怀珠而川媚"本是陆机讲文学创作的话，是说写文章要有贯穿始终的主旨，要有点透主旨的文眼。圃翁推而广之，提出保养身体，要注重学习养生养身的方法，要涵养支撑躯体的元气。

至于如何涵养，他认为"石蕴玉而山辉，水怀珠而川媚"已经有了回答。"蕴"和"怀"，无非是保有、简约之义。养身养身，重在养元，要通过减少虚耗，保有精力，涵养健康、积极、充沛的精气神。

认真思考圃翁的想法，会不由拊掌叫好，万物之理皆通也！不可不时时体察。

02

饮食清淡，早睡早起

| 原文 |

　　圃翁曰：古人以"眠、食"二者为养生之要务。脏腑肠胃，常令宽舒有余地，则真气得以流行而疾病少。吾乡吴友季善医，每赤日寒风，行长安道上不倦。人问之，曰："予从不饱食，病安得入？"此食忌过饱之明征也。燔炙熬煎、香甘肥腻之物最悦口，而不宜于肠胃。彼肥腻易于粘滞，积久则腹痛气塞，寒暑偶侵则疾作矣。放翁诗云："倩盼作妖狐未惨，肥甘藏毒鸩犹轻。"① 此老知摄生哉！

　　炊饭极软熟，鸡肉之类只淡煮，菜羹清芬，鲜洁渥之。食只八分饱，后饮六安苦茗一杯。若劳顿饥饿，归先饮醇醪一二杯，以开胸胃。陶诗云"浊醪解㪍饥"②，盖藉之以开胃气也。如此，焉有不益人者乎？且食忌多品，一席之间，遍食水陆，浓淡杂进，自然损

---

① 大意为"与美色对身体的损伤相比，狐狸精害人的手段都不算什么。与肥美甘甜食物的危害相比，毒酒的毒性都算是轻微的"。
② 浊醪解㪍饥：㪍音 qú，这句话大意为"浊酒可以缓解疲劳和饥饿"。

脾。予谓或鸡鱼兔豚之类，只一二种饱食，良为有益。此未尝闻之古昔，而以予意揣当如此。

安寝乃人生最乐。古人有言："不觅仙方觅睡方。"[①] 冬夜以二鼓为度，暑月以一更[②]为度。每笑人长夜酣饮不休，谓之"消夜"。夫人终日劳劳，夜则宴息，是极有味，何以消遣为？冬夏皆当以日出而起，于夏尤宜。天地清旭之气，最为爽神，失之甚为可惜。予山居颇闲，暑月日出则起，收水草清香之味，莲方敛而未开，竹含露而犹滴，可谓至快！日长漏永，不妨午睡数刻，焚香垂幕，净展桃笙[③]。睡足而起，神清气爽，真不啻天际真人！况居家最宜早起。倘日高客至，僮则垢面，婢且蓬头，庭除未扫，灶突犹寒，大非雅事。昔何文端公[④]居京师，同年[⑤]诣之，日晏未起，久之方出，客问曰："尊夫人亦未起耶？"答曰："然。"客曰："日高如此，内外家长皆未起，一家奴仆其为奸盗诈伪，何所不至耶？"公瞿然，自此至老不宴起。此太守公[⑥]亲为予言者。

——张英《聪训斋语》

---

① 大意为"与费心寻找成仙的方法相比，寻找安睡的方子来得实际些"。

② 一更：指夜晚19到21时，前文二鼓指夜晚21到23时。

③ 桃笙：指用桃枝竹编成的竹席。

④ 何文端公：指何如宠，明末名臣。

⑤ 同年：过去科举考试同榜登科者互称"同年"。

⑥ 太守公：指姚文燮，曾任云南开化府同知，故称太守公。姚文燮、张英及前述何如宠均为安徽桐城人。

　　圃翁说，古人把"睡眠、饮食"二者作为养生的重要方面。人的脏腑肠胃，如果宽松舒适有余量，人体的元气就会涌动，人就会少生疾病。我的同乡吴友季擅长医术，常常顶着烈日、冒着寒风，在京城的大街上不知疲倦地奔走。人们问他为何不惧烈日寒风，他回答："我从来不吃得过饱，疾病怎么可能乘虚而入？"这是吃饭不能过饱的明证。烧烤、熬煮、油煎，香浓、甘甜、肥腻的食物最好吃，却不适宜肠胃消化。肥腻的食物容易黏滞在肠胃导致积食，积久了就会腹痛膈气，寒气暑气偶尔侵入身体就会导致疾病发作。陆游有诗写道："情盼作妖狐未惨，肥甘藏毒鸩犹轻。"这位老人知道如何养生啊！

　　做饭须软烂全熟，鸡肉之类的食材只需清淡熬煮，做菜羹应择取新鲜蔬菜，洗净浓煮做出香气。吃饭只吃八分饱，饭后饮用六安苦茶一杯。如果疲惫困顿感到饥饿，可回家后先饮用一二杯醇厚美酒开胃。陶渊明有诗写道"浊醪解劬饥"，大概就是说可以借助浊酒打开胃口。这样做，怎么会不对人有益呢？此外，饮食忌过于多样，一席饭之间把水产陆产、浓淡食物海吃海喝，自然会损伤脾胃。我说过鸡鸭鱼肉之类，每餐只选一二种进食，确实非常有益。这种说法过去没听说过，但我揣度应该是这样的。

　　安睡是人生最快乐的事情。古人有言"不觅仙方觅睡方"。冬天就寝最迟以二更为限，夏天就寝最迟以一更为限。我常常笑话有些人在漫漫长夜里沉醉宴饮不眠不休，还美其名曰"消夜"。人们终日劳作，夜晚的时候安睡歇息，这样的生活方式最是有滋有味，用得着用宴饮来消遣吗？无论冬夏都应该在日出时分起床，夏天尤为如此。日出时分，天地之间空气新鲜，最能叫人神清气爽，错过了非常可惜。我在山中居住时很是清闲，夏天的时候一出太阳就起床，闻着水草清香，看到莲花待放，竹叶缀满露水，叫人欣喜欢畅！夏日白天漫长，不妨午睡片刻，焚香拉帘，铺开整洁竹席安然入眠。睡饱了起床，顿觉神清气爽，不亚于天上的神仙。况且，日常居家最应该早起，如果日头升高客人到访，仆僮和奴婢蓬头垢面，庭院还未打扫，灶头还一片冰冷，实在是非常不雅。前朝何如宠在京师居住的时候，他一位同榜考中的朋友前去拜访，天已经很晚了他还没有起，客人等待很久他才出来。客人问他："您夫人也没有起吧？"他答道："是啊！"客人说："日头都这么高了，男女主人都还没起，家里的奴仆假如想做些鸡鸣狗盗的事，有什么做不到的啊？"何如宠幡然省悟，自此以后不再晚起。这是太守公姚文燮亲口给我讲的事情。

简评

　　最健康的作息安排，不过是早睡和早起。最健康的饮食习惯，不过是清淡和适量。世界上的问题大多如此，答案显而易见，却知易行难。

　　父母教育引导孩子养成好习惯，首先要严于律己，待人以严、律己以宽的结果，只能是孩子"左耳进右耳出"；其次，要正人先正己，自己做不到却强人所难的结果，只能是孩子"口服心不服"；最后是要标准如一，不轻易改变要求和评判标准，如果一日三变，孩子只能不知所措、依然故我。

03

平衡饮食才能保持健康

　　余生来体弱，每食不过一瓯。肥甘之味，略尝即止。然生平未尝患疟痢，亦由不多饮食之故。世之以快然一饱而致病者岂少哉！

——张廷玉《澄怀园语》

| 译文 |

　　我生来身体羸弱，每餐不过一小盆饭。油腻甘美的餐食，尝尝味道就不再吃了。我一生没有患过疟疾、痢疾之类的病，也是因为不多吃的原因。世上那些敞开肚皮大吃大喝而致病的人难道还少吗？

　　宰相父子倡导清淡饮食，在家训中多次提及远离肥甘之味，提醒晚辈切忌暴饮暴食，再美味的食物"浅尝辄止"就好。他们最终都得享高寿，不得不说和他们注重饮食有很大关系。

　　有人曾经总结了"管住嘴""迈开腿""守住心""好作息"等长寿秘诀。其中的"管住嘴"，其实就是宰相父子倡导的"肥甘之味，略尝即止"。而他们常常提及的平和心态、早起早睡等等，又与"守住心""好作息"相契合。看来，大道至简且相通。

长寿四法：慈悲、节俭、平和、安静

| 原文 |

　　圃翁曰：昔人论致寿之道有四，曰慈、曰俭、曰和、曰静。人能慈心于物，不为一切害人之事，即一言有损于人，亦不轻发。推之，戒杀生以惜物命，慎剪伐以养天和。无论冥报不爽[1]，即胸中一段吉祥恺悌[2]之气，自然灾沴[3]不干，而可以长龄矣。

　　人生福享，皆有分数。惜福之人，福尝有余。暴殄之人，易至罄竭。故老氏以俭为宝。不止财用当俭而已，一切事常思节啬之义，方有余地。俭于饮食，可以养脾胃。俭于嗜欲，可以聚精神。俭于言语，可以养气息非。俭于交游，可以择友寡过。俭于酬酢，可以养身息劳。俭于夜坐，可以安神舒体。俭于饮酒，可以清心养德。俭于思虑，可以蠲[4]烦去扰。凡事省得一分，即受一分之益。大约天

---

① 爽：差错。

② 恺悌：和乐平易。

③ 灾沴：沴音lì，指灾害。

④ 蠲：音 juān，免除。

下事，万不得已者，不过十之一二。初见以为不可已，细算之，亦非万不可已，如此逐渐省去，但日见事之少。白香山诗云："我有一言君记取，世间自取苦人多。"[1] 今试问劳扰烦苦之人：此事亦尽可已，果属万不可已者乎？当必怃然自失矣。

人常和悦，则心气冲而五脏安，昔人所谓养欢喜神[2]。真定梁公每语人：日间办理公事，每晚家居，必寻可喜笑之事，与客纵谈，掀髯大笑，以发抒一日劳顿郁结之气。此真得养生要诀！何文端公时，曾有乡人过百岁，公扣[3] 其术，答曰："予乡村人无所知，但一生只是喜欢，从不知忧恼。"噫！此岂名利中人所能哉？

《传》曰："仁者静"[4]，又曰："知者动"。每见气躁之人，举动轻佻，多不得寿。古人谓"砚以世计、墨以时计、笔以日计"，动静之分也。静之义有二：一则身不过劳，一则心不轻动。凡遇一切劳顿、忧惶、喜乐、恐惧之事，外则顺以应之，此心凝然不动，如澄潭、如古井，则志一[5] 动气，外间之纷扰皆退听矣。

此四者，于养生之理极为切实。较之服药引导[6]，奚啻万倍哉！若服药，则物性易偏，或多燥滞。引导吐纳，则易至作辍。必以四

---

① 语出白居易《感兴二首》。大意为"我有一句话您要记得，人生的痛苦，大多是自找的"。

② 欢喜神：古印度神明，或称欢喜佛。信徒认为供奉欢喜神能获得喜乐。

③ 扣：询问。

④ 同后文"知者动"二句语出《论语·雍也》，大意为"仁义之人性格沉静，智慧之人性情灵动"。"知"通"智"。

⑤ 志一：心志专一。此处作使动用法，意为使心志专一。

⑥ 引导：指导引术，是道家倡导的养生方法，通过调整呼吸（导）和肢体运动（引）来强身健体。

者为根本，不可舍本而务末也。《道德经》五千言，其要旨不外于此。铭之座右，时时体察，当有裨益耳。

——张英《聪训斋语》

| 译文 |

圃翁说，过去人们讲，获得长寿有四种方法，即慈悲、节俭、平和、安静。人能够对外物保持慈悲之心，不做任何害人的事情，即使是一句有损他人的话，都不轻易说。推而广之，不杀生、爱惜生命，谨慎剪伐，颐养自然界的和顺之气。不管因果报应是不是应验，都可以涵养心中和乐平易的气息，灾患不会侵害其身，自然可以获得长寿。

人生的福分，都有定数。惜福的人，福分往往有富余。肆意挥霍福分的人，很容易耗尽福分。所以老子认为节俭是宝贵的品德。不只是财货用度应该节俭，对待一切事物都应该注意节俭，这样才有余地。在饮食方面节俭，可以滋养脾胃。在嗜好欲望方面节俭，可以凝聚精神。在言语方面节俭，可以生发正气、平息是非。在交游方面节俭，可以多结善缘、少犯过错。在交际应酬方面节俭，可以保养身体、防止疲劳。在熬夜方面节俭，可以安定神经、舒缓身体。在饮酒方面节俭，可以清净心胸、涵养品德。在思虑方面节俭，可以消除烦恼、去除纷扰。凡事节俭一分，就可获得一分收益。大概说来，天下万不得已的事情，不过十之一二。刚开始以为不得不做，细算之下也不是非做不可。像这样逐渐省略些事情，就能发觉每日的事情少下来了。白居易诗里写道："我有一言君记取，世间自取苦人多。"试问如今被辛劳困苦烦扰的人，那些事是能停下不做，还是必须要做呢？他们听到这里一定会怅然若失。

人能保持平和欢悦，心气就会高昂，五脏就能安定，这就是过去人们所说的敬奉欢喜佛的方法。真定梁清标先生常常对人说，白天处理公事，每晚居家之时，一定要寻找可喜可笑的事情，与幕僚畅谈开怀大笑，抒发一天的辛劳郁结之气。这真是养生的要诀啊！何如宠在世时，曾经遇到过一个年过百岁的乡间老人，先生向他询问长寿之法，对方答道："我们乡村人一无所知，只不过是一生快乐，从来不知道忧愁烦恼而已。"唉！这岂是名利场之中的人所能做到的啊！

典籍中说，"仁者静"，又说"知者动"。经常见到心浮气躁的人，举动也很轻佻，这样的人大多不长寿。古人说，"砚的使用时限以世代计算，墨的使用时限以四季计算，笔的使用时限以天计算"，这就是动与静的区别。静的含义有二：一是身体不要过于劳累，一是心思不要轻易被扰动。凡是遇到辛劳、忧惧、喜乐、惶恐的事情，表面上要顺势而为，内心里要岿然不动，像清澈的深潭，像古老的水井，让心志专一，使外界的纷扰退让远离。

这四点，对于养生都是特别切实的方法。和服药、导引术相比，不止好万倍！如果依靠服药，药物药性容易发生变化，造成上火积滞。导引吐纳的方法，人很难坚持，容易半途而废。养生一定要以上述四点为根本，不可舍本逐末。《道德经》五千言，主旨要义不过如此。如果把以上四点当作座右铭，时时对照体察，一定会大有裨益。

简评

　　时代在变，人的理念也在变，但是人类对长寿的期待没有变。圃翁推崇的长寿之法是慈悲、节俭、平和、安静。这些观点当然有时代的烙印和局限，但是细细琢磨，这些要诀和现代医学的观点又有不少共通之处。如果换成"保持心态积极、切忌过度操劳、常常快乐欢笑、万事顺其自然"的说法，是不是就熟悉多了？

　　父母的一言一行，不但关乎教育什么样的孩子，还可能关乎孩子过怎样的一生。如果我们能够保持积极向上的心态，凡事注意适可而止，时常能够开怀大笑，对待坎坷泰然处之，那不但会成就一位阳光少年，还可能让这个少年快乐一生。让自己活出幸福，让孩子活出自我，不就是古往今来人们追求长寿的意义所在吗？

05

人之一身，与天时相应

| 原文 |

  圃翁曰：天体至圆，故生其中者，无一不肖其体。悬象^①之大者莫如日月，以至人之耳目手足、物之毛羽、树之花实。土得雨而成丸，水得雨而成泡，凡天地自然而生皆圆。其方者，皆人力所为。盖禀天之性者，无一不具天之体。万事做到极精妙处，无有不圆者。圣人之德，古今之至文法帖，以至一艺一术，必极圆而后登峰造极。裕亲王^②曾畅言其旨，适与予论相合。偶论及科场文，想必到圆处始佳。即饮食做到精美处，到口也是圆底。

  余尝观四时之旋运、寒暑之循环、生息之相因，无非圆转。人之一身，与天时相应。大约三四十以前是夏至前，凡事渐长。三四十以后是夏至后，凡事渐衰。中间无一刻停留，中间盛衰关头无一定时候，大概在三四十之间。观于须发可见，其衰缓者其寿多，其衰急者其寿寡。人身不能不衰，先从上而下者多寿，故古人以早

---

① 悬象：指天象，多指日月星辰。
② 裕亲王：此处指爱新觉罗·福全，顺治帝第二子，康熙帝异母兄。

脱顶为寿征。先从下而上者多不寿，故须发如故而脚软者难治。凡人家道亦然，盛衰增减，决无中立^①之理。如一树之花，开到极盛便是摇落之期。多方保护，顺其自然，犹恐其速开，况敢以火气催逼之乎？京师温室之花，能移牡丹各色桃于正月，然花不尽其分量^②，一开之后根干辄萎。此造化之机，不可不察也。尝观草木之性，亦随天地为圆转。梅以深冬为春，桃李以春为春，榴荷以夏为春，菊桂芙蓉以秋为春。观其节枝含苞之处，浑然天地造化之理，故曰："复，其见天地之心乎！"^③

——张英《聪训斋语》

译文

　　天的形状极圆，所以生存在其中的万物，无一不是类似于它的样子。从太阳、月亮等比较大的天象，到人的耳朵、眼睛和手足，乃至动物的皮毛和羽毛，树木的花朵和果实，都是这样。土壤被雨湿润会变成小泥球，水面经雨敲打会激起水泡，天地之间自然而生的万物都是圆形。那些方的事物，都是人力干预的结果。大概秉承天性的事物，无一不具备天一样的形体。世间万事

---

① 中立：此处指保持强盛的状态。
② 分量：此处指花朵自然绽放时应有的状态。
③ 语出《易经·复卦》，大意为"从循环往复中，可以看到天地间万事万物圆融轮转的本心"。

所能达到的极其精妙的境界，无一不是圆融的。圣人的德行，古往今来的名篇书帖，以及所有的艺术和技艺，一定要做到圆融才能登峰造极。裕亲王曾经畅谈这种思想，正好与我的理论吻合。偶尔提及科举考场的文章，我们也认为必须做到圆融才称得上佳作。就算是饮食，要想做到精致美味，吃到嘴里也得是圆润合口才行。

我曾经观察四季流转、寒暑往复、生死轮回，无一不是循环。人的身体，和天地运行的规律相对应。大概来说，人在三四十岁以前相当于一年中的夏至前，各个方面逐渐成长；三四十岁以后相当于夏至后，各个方面逐渐衰老。其间不会有一刻停留，其间由盛转衰也没有确定的时间，大概就在三四十岁之间。看看人的头发胡须就能发现，头发胡须衰退比较慢的人比较长寿，衰退比较快的人则比较短寿。人的身体不可能不衰老，但是从上往下衰老的人比较长寿，所以古人把较早谢顶当作长寿的征兆。从下往上衰老的人大多不长寿，所以头发胡须不变色但腿脚疲软的人难以医治。人的家道兴衰也是如此。盛极而衰、增减变化，没有强盛不变的道理。比如树上的花朵，开到极盛就会开始摇落。多方保护，顺其自然，还害怕它开得快、败得快，哪里敢用火气加温催它开放呢？京城温室培育的牡丹和各色桃花，被控制在正月开放，然而花达不到自然绽放的状态，一旦开放，花根和枝干马上就会枯萎。这是事物发展的自然规律，不可不认真体察。我曾经观察草木的生长规律，它们也是随着天地回转而成长变化的。梅花以深冬为自己的春天，桃李以春天为自己的春天，石榴、荷花以夏天为自己的春天，菊花、桂花、芙蓉以秋天为自己的春天，它们都是在自己的春天开放。观察它们的节枝和含苞待放的花朵，会发现其中蕴含着天地之间万物共通的发展规律，所以说："从循环往复中，可以看到天地间万事万物圆融轮转的本心。"

中国人有朴素的轮回理念，讲究天道圆融。他们从四季流转、寒暑循环、生死轮回中，生发很多思考。细细品读圃翁的话，可以得到很多启示。

比如，要教育孩子"内心方正，外表圆融"。内方外圆说起来简单，践行起来极难。方正是要心存正气，不要做事事唯唯诺诺的好好先生。圆融是要体察别人感受，可以表达诉求、坚持己见，但是要注意方式方法，不要浑身是刺。

又比如，要提醒孩子凡事盛极而衰，务必居安思危。晚清大儒曾国藩曾经教育子弟："盛时常作衰时想，上场当念下场时"，如果因为身处顺境、极尽荣华，便忘其所来、忘其所往，骄奢淫逸，最终难免败落的命运。

06

好好照顾自己，就是对父母最好的报答

| 原文 |

父母之爱子，第一望其康宁，第二冀其成名，第三愿其保家。《语》曰："父母惟其疾之忧。"[1] 夫子以此答武伯之问孝。至哉斯言！安其身以安父母之心，孝莫大焉。

养身之道，一在谨嗜欲，一在慎饮食，一在慎忿怒，一在慎寒暑，一在慎思索，一在慎烦劳。有一于此，足以致病，以贻父母之忧，安得不时时谨凛[2] 也！

——张英《聪训斋语》

| 译文 |

父母爱护子女，首先期望他们一生平安健康，其次盼望他们

---

① 语出《论语·为政》，大意为"父母一心为子女的疾病而忧愁"。
② 凛：严肃，敬畏。

功成名就，最后希望他们能够守护家业。《论语》里有一句"父母惟其疾之忧"，孔夫子以此回答孟武伯何为孝道的问题。这句话实在是深刻啊！保养身体以宽慰父母，没有比这更能体现孝心的事了。

保养身体的方法，一是节制欲望，一是注意饮食，一是控制情绪，一是注意冷暖，一是节制思绪，一是切勿烦劳。这里面有一条不注意，就足以致病，让父母担忧，怎么能不时刻谨小慎微呢！

简评

中国人最讲究保养身体，所谓"身体发肤，受之父母"，我们把爱护自己看作是孝敬父母最重要的事。

至于如何爱护身体，我们大抵都知道注重饮食健康、根据冷暖更衣、保持积极心态之类。但是节制思绪这一点，许多人并没有太在意。

多思多想固然是学习的重要方法、成人成事的重要条件，但是凡事须有度，闲事杂事萦绕心头，如同锁链束缚心扉，让人心情压抑、低沉，久之足以致病。

世事坎坷，无人可以逃脱，如何处置最显智慧？遇难事，集中思绪攻坚克难。闲暇时，暂时忘却人生烦恼，放空心绪。一张一弛，精神方得休养；动静结合，身体更得强健。

达观篇

不知命，无以为君子

01

不知命，无以为君子

| 原文 |

　　圃翁曰：《论语》云"不知命，无以为君子"①，考亭②注"不知命，则见利必趋，见害必避，而无以为君子"。予少奉教于姚端恪公，服膺斯语。每遇疑难踌躇之事，辄依据此言，稍有把握。古人言"居易以俟命"③，又言"行法以俟命"。④人生祸福、荣辱、得丧，自有一定命数，确不可移。审此，则利可趋而有不必趋之利，害宜避而有不能避之害。利害之见既除，而为君子之道始出，此"为"字甚有力。既知利害有一定，则落得做好人也。

　　权势之人，岂必与之相抗以取害？到难于相从处，亦要内不失己。果谦和以谢之，宛转以避之，彼亦未必决能祸我。此亦命数宜然。又安知委曲从彼之祸，不更烈于此也？使我为州县官，决不用官银媚上官。安知用官银之祸，不甚于上官之失欢也？

----

① 语出《论语·尧曰》，大意为"不懂得天命安排，就不能成为真正的君子"。
② 考亭：指朱熹，南宋理学家。
③ 语出《礼记·中庸》，大意为"安守本分，听由天命"。
④ 语出《孟子·尽心下》，大意为"遵守法度，顺从天命"。

昔者米脂令萧君①，掘李贼之祖坟。贼破京师后获萧君，置军中，欲甘心②焉。挟至山西，以二十人守之。萧君夜逃，后复为州守，自著《虎吻余生》记其事。李贼杀人数十万，究不能杀一萧君，生死有命，宁不信然耶？

予官京师日久，每见人之数应为此官，而其时本无此一缺。有人焉，竭力经营，干办停当③，而此人无端值之，或反为此人之所不欲，且滋诟詈。如此者，不一而足，此亦举世之人共知之，而当局则往往迷而不悟。其中之求速反迟，求得反失，彼人为此人而谋，此事因彼事而坏，颠倒错乱，不可究诘。人能将耳目闻见之事，平心体察，亦可消许多妄念也。

——张英《聪训斋语》

┃ 译文 ┃

　　圃翁说，《论语》里写道"不知命，无以为君子"，朱熹注解道"不知命，则见利必趋，见害必避，而无以为君子"。我小时候跟从姚文然老先生学习，对这些话深感信服。每当遇到疑难不决的事情，根据这句话加以判断，就会稍微有些把握。古人

---

① 萧君：指边大绶，明末米脂县令，著《虎口余生》一书记述自身传奇经历。此处人名写作"萧君"，书名写作"虎吻余生"，应为张英误记。
② 甘心：快意，此处指杀之而后快之意。
③ 干办停当：当时俗语，指办理妥当。

说"居易以俟命"，又说"行法以俟命"。人生的祸福、荣辱、得失，都有命中的定数，确实是无法改变的。了解了这一点，就会懂得可以追求利益，但是很多利益是追也追不来的；可以躲避祸患，但是很多祸患是躲也躲不了的。心中关于利益和祸患的偏见破除之后，"为君子"的方式方法就开始显现出来。"为"这个字非常有力。既然知道了利益和祸患都有定数，那就应该尽力做个好人。

有权有势的人，难道一定要与他们对抗而招祸吗？即使是到了难以和他们相处的时候，也不要失去自我。如果能够谦和地谢绝，婉转地回避，那他们也未必一定会祸害我们。这样处理，也是顺从命运的安排。委曲顺从招致的祸害，难道不比委婉拒绝更严重吗？假如我做州县的官长，决不会用公家的银子去谄媚上级。用公家的银子带来的祸害，难道不比失去上级的欢心更严重吗？

过去米脂县令边大绶，曾经掘了李自成的祖坟。李自成率军攻破京城后俘获了他，留置军中，打算杀之而后快。后来挟持他到了山西，派二十人守卫。但边大绶在夜里逃走了，后来重新担任州官，写下《虎口余生》一书记述了这段经历。李自成杀人数十万，终究不能杀掉掘了自家祖坟的边大绶，所以说生死有命，不信不行啊！

我久在京城为官，常常见到有人看似命里注定要担任某个官职，却因为没有空缺而失去机会。有人为了某个官职竭尽全力投机钻营，自觉处处办理妥当，却被人无缘无故顶替，甚至这个官职也不是顶替之人想要的，还因此引发是非矛盾。这种情况不一而足，人所共知，只是当事人常常执迷不悟。其中一心求快反而延迟，想要得到反而失去，挖空心思反而成全他人，尽力做一件事却被另外的事搞坏等种种情况，颠倒错乱，让人理不清头绪。如果人们能把自己目见耳闻的事情用一颗平常心细细体悟一番，便可以消除很多不切实际的念想。

简评

　　人看待问题，难免会有时代局限性，圃翁也不例外。但"乐天知命"四个字，虽然有"宿命论"的因子在其中，却并非毫无道理。

　　换一个角度去想，现代人普遍认可"行为养成习惯，习惯造就性格，性格决定命运"的论断，那么行为和习惯在孩童时期几乎已经养成，性格也已经初步成型，那人生能够到达的高度是不是也已经"命中注定"？先贤之说重在鼓励人要乘势而上、顺势而为，而非否定后天努力的重要。倘非如此，张氏一族只需凭借祖荫便可世代衣食无忧，又怎会不遗余力地鼓励孩子用功读书和"为君子"呢？

　　思考来路，有助于长远地展望未来。体察自身的不足，有助于准确把握可供努力的方向。"知而改命"，或许才是"知命"的真正意义和价值所在。

02

无论身处何种境遇，都应该怡然自得

| 原文 |

圃翁曰：圣贤仙佛，皆无不乐之理。彼世之终身忧戚、忽忽不乐者，决然无道气、无意趣之人。孔子曰"乐在其中"[①]，颜子"不改其乐"[②]，孟子以"不愧不怍"[③]为乐。《论语》开首说"悦""乐"[④]，《中庸》言"无入而不自得"[⑤]，程朱教寻孔颜乐处，皆是此意。若庸人多求多欲，不循理，不安命，多求而不得则苦，多欲而不遂则苦，不循理则行多窒碍而苦，不安命则意多怨望而苦，是以跼天蹐地[⑥]，

---

① 语出《论语·述而》"饭疏食饮水，曲肱而枕之，乐亦在其中矣。不义而富且贵，于我如浮云"一句，大意为"指保持安贫乐道的心态，生活也能苦中作乐"。

② 语出《论语·雍也》"一箪食，一瓢饮，在陋巷，人不堪其忧，回也不改其乐"一句，大意为"保持高洁的志趣，艰苦的生活也不会影响内心的快乐"。

③ 语出《孟子·尽心上》"仰不愧于天，俯不怍于人，二乐也"一句，大意为"心胸坦荡，无愧无悔就能获得长久的快乐"。

④ 语出《论语·学而》"学而时习之，不亦说（通'悦'）乎？有朋自远方来，不亦乐乎？人不知而不愠，不亦君子乎？"一句。

⑤ 语出《中庸》"君子素其位而行，不愿乎其外。素富贵，行乎富贵；素贫贱，行乎贫贱；素夷狄，行乎夷狄；素患难，行乎患难。君子无入而不自得焉"一句，大意为"君子不论身处何种境地，都能怡然自得、泰然处之"。

⑥ 跼天蹐地：天虽高，却不得不弯着腰；地虽厚，却不得不小步走。形容处境困窘，惶恐不安。跼，音 jú，屈身；蹐，音 jí，小步走。

行险徼幸[1]，如衣敝絮行荆棘中，安知有康衢坦途之乐？惟圣贤仙佛，无世俗数者之病，是以常全乐体。香山字乐天，予窃慕之，因号曰"乐圃"。圣贤仙佛之乐，予何敢望！窃欲营履道[2]，一丘一壑[3]，仿白傅之"有叟在中，白须飘然"，"妻孥熙熙，鸡犬闲闲"[4]之乐云耳。

——张英《聪训斋语》

| 译文 |

圃翁说，圣明贤哲和成仙成佛之人，没有不快乐的。世上那些一辈子忧愁烦恼、闷闷不乐的人，必定都是没有超凡气质和高洁志趣的人。孔子说安贫乐道，即使清苦也能苦中作乐，颜回生活艰困，也不改变快乐的心态，孟子以心胸坦荡、无愧无悔为人生的乐趣。《论语》开篇第一句就谈到了什么是喜悦和快乐，《中庸》里讲到君子不论身处何种境遇都应该怡然自得，宋代理学家程颢、程颐兄弟和朱熹教导弟子要寻找和体察孔子、颜回的快乐，都是这个意思。庸俗之人很多需求很多欲望，不遵循天理，不安守命运，需求很多得不到满足会痛苦，欲望很多得不到满足也会痛苦，不遵循天理做事遇到阻碍会痛苦，不安守天命生

---

① 行险徼幸：铤而走险以求得利。
② 履道：即履道里，唐朝洛阳地名。白居易晚年居履道里，与老友同乐。
③ 语出《汉书·叙传》"渔钓于一壑，则万物不奸其志；栖迟于一丘，则天下不易其乐"一句，原指隐居之所，后多用以指寄情山水。
④ 语出白居易《池上篇》，描述悠闲自在的隐居生活。

发怨恨也会痛苦，这样就会窘迫无路，继而为求利铤而走险，这就好比身穿破袄走在荆棘丛中，怎么能体会走在四通八达康庄大道上的快乐？只有圣明贤哲和成仙成佛之人，才没有俗人的这些弊病，能够保全快乐的身心。白居易字乐天，我心里对他很是仰慕，所以自号"乐圃"。圣明贤哲和成仙成佛之人的快乐，我哪里敢奢望啊！我暗自打算建造一座白居易履道里居所那样的房子，寄情山水，仿效他"有叟在中，白须飘然"，"妻孥熙熙，鸡犬闲闲"的乐趣。

简评

社会越来越进步，物质生活越来越丰富，人却反而越来越不快乐。不但自己不快乐，有时候还不自觉地影响孩子也不快乐。

为人父母，不要只记得激励孩子与命运抗争，不要只鼓励孩子永远争第一。有时候，也要鼓励孩子接受平凡的自己，鼓励孩子享受平凡的生活。或许这样，他们更能绽放自己独特的光彩，更加热爱当下热辣滚烫的生活。

古人早就说过："浮名浮利，虚苦劳神。"何必那么壮怀激烈，又何必那么分秒必争呢？即使做不到颜回"一箪食，一瓢饮，在陋巷"般的安贫乐道，如果能够享受东坡先生"一张琴，一壶酒，一溪云"般的生活，也是难得的"小确幸"啊！

03

行本分事，做自在人

　　人生第一件事，莫如安分。分者，我所得于天多寡之数也。古人以得天少者谓之"数奇"[①]，谓之"不偶"，可以识其义矣。董子曰："与之齿者去其角，傅之翼者两其足。"啬于此则丰于彼，理有乘除，事无兼美。予阅历颇深，每从旁冷观，未有能越此范围者。功名非难非易，只在争命中之有无。尝譬之温室养牡丹，必花头中原结蕊，火焙则正月早开。然虽开，而元气索然，花既不满足，根亦旋萎矣。若本来不结花，即火焙无益。既有花矣，何如培以沃壤，灌以甘泉，待其时至敷华？根本既不亏，而花亦肥大经久。此余所深洞于天时物理，而非矫为迂阔之谈也。曩时，姚端恪公每为余言，当细玩"不知命，无以为君子"章。朱注最透，言"不知命，则见利必趋，见害必避，而无以为君子"。"为"字甚有力。知命是一事，为君子是一事。既知命不能违，则尽有不必趋之利，尽有不必避之害，而为忠、为孝、为廉、为让，绰有余地矣。小人，固不当取怨

---

① 数奇：指命数不好。古代占卜以偶为吉，以奇为凶。

于他，至于大节目^①，亦不可诡随。得失荣辱，不必太认真，是亦知命之大端也。

——张英《聪训斋语》

| 译文 |

人生没有比安分更重要的事了。所谓的"分"，是指我们从上天获得恩赐的多少。古人称获得上天恩赐较少的人"数奇"，或者说"不偶"，从中我们也能了解"本分"的含义。董仲舒先生说："有锋利牙齿的动物就不会长角，有翅膀的动物就只有两条腿。"在这个方面有欠缺，在另一方面就有盈余，此消彼长是客观规律，万事难以十全十美。我的阅历很多，常常冷眼旁观，没有见过能超越这个规律的事情。获得科考功名不是难易的问题，而是命中有无的问题。我曾经用在温室中培育牡丹来比喻这件事，如果花头中间已经有了花蕊，再用火增温，花朵就能在正月提前开放。但是因为前期蓄积的元气不足，花也不会开得饱满，花根很快就会枯萎。如果花头中间本来就没有花蕊，那用火增温也没有什么用。不过，既然花头中间已经有花蕊了，为何不用沃土培育、甘泉浇灌，等待自然开花的时机呢？那样花根不会损伤，花朵也可肥大持久。这是我深刻了解天地万物运行规律得到

---

① 节目：树木枝干交接处称为"节"，纹理不顺的地方称为"目"。一般用"节目"指事物关键处。

的结论，并非假托事例不切实际的空谈。过去，姚文然先生常常对我说，一定要细细体会《论语》中"不知命，无以为君子"这一章。关于这一章，南宋理学家朱熹的注解最为透彻，他说"不相信天命的安排，见到利益就前去追求，见到祸患就闪躲回避，无法成为真正的君子"。"为"这个字很重要。相信命运的安排是一回事，努力去做君子又是另一回事。既然知道了天命不可违，那到处都是不必盲目追求的利益，到处都是不必躲避的祸患，远离了它们，为国尽忠、为父尽孝、廉洁奉公、谦让做人就游刃有余了。当然不应该去招惹小人的怨恨，但在事情发展的关键节点，也不能不顾是非随波逐流。得失荣辱，不必过于认真，这也是知命的重要方面。

简评

圃翁育人，经常提到的一个词就是"安分"。

所谓"安分"，首先是认知自身的"分"，也就是对自我和环境有一个清醒的认知。

其次是把握进度的"分"，也就是掌控事物发展的节奏。现代人常说，要在合适的时间合适的地点做合适的事，这和催开花朵都是在说一个道理。顺应自然规律，静待花开最好。

此外，还要有对结果泰然处之的"分"，已经尽了全部的努力就没有遗憾，一切都是命运最好的安排。无论得失荣辱，不必再去耗费过多精神。不如厚积薄发，等待下一次机会。

04

顺应天命，活出最好的自己

| 原文 |

家宰①库公②，曩与予同事，谈及知命之义。时有山左鹿御史，以偶尔公函发遣。彼方在言路③时，果能拼得一个流徙，甚么本上不得？彼在位碌碌耳，究竟不能违一定之数。非谓人当冒险寻事，但素明此义，一旦遇大节所关，亦不至专计利害犯名义矣。库然之。

——张英《聪训斋语》

| 译文 |

吏部尚书库勒纳，过去与我同事，我们曾交流顺天应命的道理。当时山东有一位姓鹿的御史，偶尔因为公函出错遭到流放处

---

① 冢宰：周朝的官名，地位仅次于三公，为六卿之首。明清时期一般作为吏部尚书的
　别称。
② 库公：指库勒纳，曾任吏部尚书。
③ 言路：指担任谏官。

分。当时他正担任谏官，如果早知道自己会落得一个流放的刑罚，什么谏言不敢上？他在谏官位子上庸庸碌碌，不敢奏事履职，但最终也违背不了命运的安排。这并不是说人应该冒险生事，而是平时就应该明白顺天应命的道理，一旦遇到大是大非的关键节点，也不至于过于计较名利得失。库尚书认同我的话。

简评

　　人的一生由许许多多的时间节点组成，而在这些节点上的判断和选择，往往决定了一个人一生的格局和高度。然而，许多人遇事时，不是先思考如何解决问题，而是先考虑自身的得失；面对困难时，不是先考虑如何克服，而是先考虑如何脱身。这样的人，被称为"精致的利己主义者"。

　　他们的做法看似精明，实则极为短视。他们或许能暂时保全自己，却在不知不觉中失去了做人做事的大节，失去了他人的信任，最终使自己的路越走越窄。把个人得失放在首位，不仅拉低了为人处世的格局，更错失了成就事业的良机，甚至可能陷入长久的困境。

　　遇事时，我们固然需要沉着冷静，但不能因此而缩手缩脚；思虑固然需要周全，但不能陷入唯利是图的狭隘。只有将眼光放长远，将格局放宏大，才能在人生的道路上走得更稳、更远。

05

因上努力、果上随缘，允许一切发生

| 原文 |

世人只因不知命、不安命，生出许多劳扰。圣贤明明说与，曰"君子居易以俟命"，又曰"君子行法以俟命"，又曰"修身以俟之"①"不知命，无以为君子"。因知之真，而后俟之安也。予历世故颇多，认此一字颇确。曾与韩慕庐②宿斋③天坛，深夜剧谈。慕庐谈当年乡会考④时，乡试则有得售⑤之想，场中颇著意，至会试殿试则全无心而得会状⑥。会试场大风，吹卷欲飞，号⑦中人皆取石坚押，韩独无意，祝曰："若当中，则自不吹去。"亦竟无恙。故其会试殿试

---

① 语出《孟子·尽心上》，大意为"修养身心，等待天命安排"。
② 韩慕庐：指韩菼，清代文学家。康熙十二年，韩菼会试、殿试连中第一。
③ 宿斋：举行祭祀或典礼前的斋戒。
④ 乡会考：指乡试和会试。明清时期，每三年在各省省城组织乡试，参加者为生员，考中者称为举人。举人前往京城礼部贡院参加会试，考中者称为贡士。贡士参加在紫禁城内举行的殿试。
⑤ 售：卖出去，指考中。
⑥ 会元：会元和状元。会试头名称为会元。殿试头名称为状元。
⑦ 号：科举考试时，考场上每位考生一个小间，各有编号，称为号子。

文，皆游行自在，无斧凿痕。予谓慕庐："足下两掇巍科[1]，当是何如勇猛！"以此言告人，人决不信，余独信之，何以故？予自谕德[2]后，即无意仕进，不止无竞进之心，且时时求退不已，乃由讲读学士跻学士登亚卿、正卿，皆华朊清贵之官。自傍人观之，不知是何如勇猛精进。以予自审，则知慕庐之非妄矣。慕庐亦可以己事推之，而知予之非诳也。愿与世人共知之。

——张英《聪训斋语》

| 译文 |

　　世人只因不知天命、不安天命，生出许多劳苦困扰。圣贤明明已经告诉我们，要"安守本分，听由天命"，要"遵守法度，顺从天命"，还说过要"修养身心，等待天命安排""不明白天命安排，就无法成为真正的君子"。因为理解得深刻，才能安然地等待。我经历的世事很多，对"命"这个字体悟得很透彻。我曾经与韩菼在天坛斋戒，深夜里畅谈。说到当年乡试和会试时的情况，韩菼说自己在乡试前，心里有一定要考中的想法，因而考场上格外用心。到会试殿试的时候则没有一点要得会元和状元的念头。会试时考场上刮起大风，几乎要把考卷吹走，考生们都

---

① 巍科：科举考试名列前茅。
② 谕德：官名，掌管对太子的道德教育。后文讲读学士、学士为皇帝的文学官员，亚卿、正卿原是诸侯以下的显贵臣子，此处指掌管某一方面事务的副职、正职。

拿石头牢牢压住考卷，唯有韩菼不为所动，他默默祈祷："如果命中注定我该考中，那试卷自然不会被风吹走。"最后果然没有意外。因而他在会试和殿试所写的文章，都挥洒自如，没有刻意雕琢的痕迹。我对韩菼说："您两次摘取考试第一名，怎么这么勇猛啊！"如果他把上面这些话告诉别人，别人绝不会相信，我却十分相信，为什么呢？我从担任谕德职位以后，就没有取得更高职位的想法了，不但不思进取，反而常常请求退职归隐，然而却从讲读学士一步步升任学士、亚卿、正卿，都是些高贵显要的官职。在旁人看来，不知我有多么勇猛精进。但从我自身经历看来，就能知道韩菼的话不是信口妄言。韩菼也可以用自己的经历推想，我的话也绝非虚妄。愿与世人分享这些心得。

简评

中国人常常把人生的跌宕起伏与所谓"命运"相联系。我们当然明白，美好的生活首先源于自身对美好生活的不懈追求。事实上，"奋斗成就人生"早就成了当代中国人思想信仰的圭臬之一。

但相信"命运"未必就一定消极。做事成事，首先应该建立在对自我禀赋的清晰认知之上，这不是"知命"是什么？做事成事，还需要根据外物的变化和自身条件的改变，相时而动，因势利导，这不是"信命"是什么？就算是听起来不那么顺耳的"君子不与命争"，细想不也隐含了顺势而为的意思嘛！

对命运的清醒认知，本身就是人成熟的标志之一。

附录一
《聪训斋语》跋

张廷瓒

康熙三十六年丁丑春，大人退食之暇，随所欲言，取素笺书之，得八十四幅，示长男廷瓒。装成二册，敬置座右，朝夕览诵，道心自生，传示子孙，永为世宝。廷瓒敬识。

附录二

《澄怀园语》自序

张廷玉

　　先公诗文集外，杂著内有《聪训斋语》二卷以示子孙，廷玉终身诵之。雍正戊申、己酉间，扈从西郊，蒙恩赐居"澄怀园"，五侄筠随往，课两儿读书。予退直之暇，谈论所及，侄逐日纪录，得数十条，曰："此可继《聪训斋语》，曰《澄怀园语》也。"予闻之，惭恧不胜，而又不欲违其请，第裒集有限，未为完书。

　　自是厥后，凡意念之所及、耳目之所经与典籍之所载，可以裨益问学、扩充识见者，辄取片纸书之，纳敝箧中，而日用纤细之事亦附及焉。十数年，日积月累，合之遂得二百五十余条，因厘为四卷，不分门类，但就日月之先后以为次序，命曰《澄怀园语》，从侄筠之请也。

　　窃念通籍而后牵于官守，职务繁多，比年精力惫顿，常有意所欲书而倏忽遗忘者，不可胜数。且自知学识短浅，文辞拙陋，较之《聪训斋语》，不啻霄壤，又随手掇拾，本无所爱惜，不过藏之家塾，俾子孙辈读之，知我立身行己、处心积虑之大端云尔。

　　然有能观感兴起者，是则是效，不视为纸上空谈，未必无所裨补，或不负老人承先启后之意也夫！

乾隆丙寅冬十月澄怀居士张廷玉谖

后记

　　这本书的源起，是我在整理清代大儒曾国藩教子书信（《曾国藩给孩子的 117 封信》，生活·读书·新知三联书店）的过程中，深切感受到曾文正公对张氏家训的推崇。受到先贤的指引和启发，我开始寻书和学习。

　　但是，我遗憾地发现，与《颜氏家训》等热门古代家训相比，与书籍本身在教子育人方面的巨大价值相比，《聪训斋语》《恒产琐言》《澄怀园语》可谓是"养在深闺人未识"。这些家训的当代版本很少，能够提供白话译文和解读评析的版本更是难寻。我倍感可惜，因而萌生了重新点校、注释、翻译、评析这些家训的想法。

　　想法有幸得到青豆书坊总编辑苏元老师以及九州出版社的支持。其后，几位编辑与我一起工作，共同书海淘金，甄选作品底本；共同推敲词句，思考简评内容；共同研讨问题，力求至臻至善。最终六易其稿，本书终于得以与读者见面。

　　点校重版古书，被许多人认为是极费工、极枯燥之事。但是本书的出版过程，却因得到各位老师的悉心指导、无私帮助而顺利圆满。对我个人而言，能以微薄之力，令古书从故纸堆中重生，使旧文给今人以启迪，实在是人生之大乐，亦是人生之大幸。

再次感谢为这本书的出版而付出辛劳和努力的所有老师们。

毕 磊

乙巳年孟夏于北京

青豆读享 阅读服务

帮你读好这本书

《传家：父子宰相教子书》阅读服务：

☆ **全本畅听**　全书配套朗读音频，随时随地收听这本"私房教子书"。

☆ **译注感言**　本书译注者分享阅读感受，带你体会百年家风在今天启

发人心的力量。

☆ **趣味漫画**　漫画呈现张氏父子的性格特点，帮你理解张氏家训一以

贯之的教育思路。

☆ **实用卡片**　将"理财篇"内容化为亲子活动清单，在日常生活中体

会父子宰相的财富智慧。

☆ ……

（以上内容持续优化更新，具体呈现以实际上线为准。）

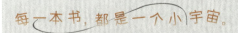

扫码享受
正版图书配套阅读服务